BESCHREIBUNG

DES

BERGREVIERS COBLENZ II.

BEARBEITET

IM AUFTRAGE DES KÖNIGLICHEN OBERBERGAMTS ZU BONN

VON

WILHELM DUNKER,
KÖNIGLICHEM BERGRATH ZU COBLENZ.

BONN,
BEI ADOLPH MARCUS.
1884.

Das vorliegende achte Heft der Revierbeschreibungen aus dem Oberbergamtsbezirke Bonn enthält die Beschreibung des Bergreviers Coblenz II, welche sich zunächst an die im Jahre 1883 erschienene Beschreibung des Bergreviers Coblenz I anschliesst. Beide Reviere werden durch die Mosel getrennt. Das Revier Coblenz II umfasst den auf der rechten Seite dieses Flusses gelegenen Theil des Regierungsbezirks Coblenz und greift nur mit einem kleinen Stücke auf das linke Moselufer über.

Trotz dieser Nachbarschaft bestehen zwischen beiden Revieren manche recht charakteristische Verschiedenheiten in Bezug auf die geognostischen Verhältnisse und nicht minder auf Bergbau, Hütten- und Salinenwesen. Innerhalb der Grenzen des Reviers Coblenz II entfaltete die Eisenindustrie des Hunsrück und Soonwald während einer langen Periode eine ausgebreitete Thätigkeit, bis sie sich in Folge der umgestaltenden Einflüsse der Neuzeit grossentheils genöthigt sah, günstiger gelegene Arbeitsstätten aufzusuchen. Auch die Ausbeutung der Soolquellen des Nahegebietes reicht in frühe Zeiten zurück, besteht aber mit ihren berühmten Bädern von Kreuznach und Münster am Stein unbeschränkt fort.

Der dritte, die geognostischen Verhältnisse behandelnde Abschnitt der Revierbeschreibung ist von dem Landesgeologen Herrn Grebe zu Trier verfasst und beruht auf den neuesten geologischen Untersuchungen, welche derselbe auf Veranlassung der Königlichen geologischen Landesanstalt zu Berlin unternommen hat, unter gleichzeitiger Benutzung der Arbeiten von C. Lossen, H. C. Weinkauff, C. Koch, E. Weiss und E. Kayser.

I. Begrenzung und politische Eintheilung des Reviers.

Das Bergrevier Coblenz II, früher Bergrevier St. Goar genannt, hat einen Flächenraum von 2362,5 qkm (41,64 Quadratmeilen), wovon auf den älteren Theil 2178,7 qkm (38,40 Quadratmeilen) und auf das im Jahre 1866 dem Preussischen Staate einverleibte, ehemals landgräflich Hessische Oberamt Meisenheim, welches durch Verordnung des Ministers für Handel, Gewerbe etc. vom 11. März 1867 (vergl. Zeitschrift für Bergrecht, Band VIII S. 37) mit dem Reviere vereinigt wurde, 183,8 qkm (3,24 Quadratmeilen) kommen.

Das Revier umfasst den auf dem rechten Moselufer belegenen linksrheinischen Theil des Regierungsbezirks Coblenz, d. h. die Kreise St. Goar, Simmern, Kreuznach und Meisenheim, und die auf dem rechten Moselufer gelegenen Theile der Kreise Coblenz, Cochem und Zell, sowie einen kleinen Theil des Kreises Zell auf dem linken Moselufer, nämlich das auf dem linken Moselufer belegene Stück der Bürgermeisterei Trarbach. Früher gehörte zu dem Reviere auch noch der Theil des Kreises Berncastel, welcher östlich von der von Berncastel über Morbach nach Birkenfeld führenden Chaussee gelegen ist; derselbe wurde aber vom 1. Oktober 1861 ab dem Bergreviere Trier-St. Wendel zugetheilt.

Das Revier wird begrenzt: gegen Osten und Südosten durch das linke Rheinufer von der Einmündung der Mosel in den Rhein bis zur Nahe, wo dieser Fluss die Landesgrenze zwischen Preussen und Hessen bildet, und weiter durch die Hessische und Bayerische Landesgrenze bis dahin, wo letztere die Grenze des Kreises St. Wendel trifft; gegen Süden und Südwesten durch die Grenze des vormals Hessen-Homburgischen Oberamtsbezirks Meisenheim gegen den Kreis St. Wendel, sodann durch die nordöstliche Grenze des Fürstenthums Birkenfeld, sowie durch die Grenze zwischen den Regierungsbezirken Coblenz und Trier bis zu dem Punkte, wo dieselbe zwischen Reil und Pünderich die Mosel zum letzten Male durchschneidet; gegen Nordwesten durch die Mosel (rechtes Ufer) von dem vorgenannten Punkte abwärts bis zu ihrem Einflusse in den Rhein.

II. Topographische Beschreibung.

Das Revier charakterisirt sich als ein Gebirgsland zwischen dem Rhein, der Mosel und der Nahe, enthält das Hochland des Hunsrücken, das den Hunsrücken südöstlich begrenzende Soonwaldgebirge, die Abdachungen des letzteren nach dem Nahethale zu, sowie das bergige Land zwischen der Nahe und dem unteren Glanflusse (dem rechten Nebenflusse der Nahe).

Der Hunsrücken wird im Uebrigen begrenzt gegen Osten durch das 62 km lange Rheinthal zwischen Bingen und Coblenz, gegen Westen und Nordwesten durch das 105 km lange, viel gewundene Moselthal zwischen Trarbach und Coblenz, und gegen Südwesten durch den Idarwald. Er zeigt flache Hochebenen mit mehr oder weniger steilen Abfällen nach dem Rhein- und Moselthale zu, indem sich zwischen den Flussthalgehängen und den Flussufern in der Regel wenig Vorland befindet und die gedachten Flüsse sich durch verhältnissmässig enge und tiefe Thäler hindurchwinden.

Der Soonwald erstreckt sich in mächtigen, flachen und parallelen Bergrücken von der südwestlichen Reviergrenze, d. h. von dem Hahnenbach bei Kirn an in nordöstlicher Richtung gegen den Rhein bis zur Burg Sooneck unterhalb Bingen in einer Länge von ca. 38 km, bildet die nordöstliche Fortsetzung des im Regierungsbezirke Trier und dem Fürstenthume Birkenfeld auftretenden Idarwald und Hochwald und in Verbindung mit den letztgenannten Gebirgen den das rheinische Schiefergebirge auf der linken Rheinseite südöstlich abschliessenden Gebirgswall. Dieses Gebirge, dessen südwestlicher Theil den Namen „Lützel Soon“ führt, stuft sich südöstlich nach dem Nahethale zu allmählich ab, so dass das Land zwischen demselben und der unteren Nahe im Allgemeinen den Charakter einer flach gewellten Berglandschaft bezw. Hügellandschaft trägt. Der Theil des Nahethales oberhalb Kreuznach bis in die Gegend von Staudernheim zeigt wieder ein besonderes Relief dadurch, dass die Nahe sich hier durch ein Gebiet gewaltiger Eruptivmassen hindurchwindet, welche als Bergkuppen mit steilen Felswänden zu beiden Seiten des Flusses anstehen und dem Thale den bekannten malerischen Charakter verleihen.

Die Länge des Nahelaufs von Kirn bis zur Mündung in den Rhein misst 58 km.

Die hier in Betracht kommenden Nebenthäler der gedachten drei Flüsse werden eigentlich nur von Bächen durchflossen, indem keiner der Zugänge auf den Namen Fluss Anspruch machen kann.

Die Hauptrichtung der Moselnebenthäler ist südöstlich nordwestlich, diejenige der Rheinnebenthäler südwestlich nordöstlich, bezw. westlich östlich, während die linken Nebenthäler der Nahe einen vorherrschend südlichen und südöstlichen Verlauf haben. Der obere Theil des Simmerbachs und der Tiefenbach (der linke Zufluss des ersteren) haben ausnahmsweise einen nordöstlich südwestlichen Lauf im Gebiete der Nahe.

In Bezug auf den Gebirgsschichtenbau sind die Moselthäler im Allgemeinen Querthäler, die Rheinthäler Längsthäler und die Nahethäler theils Quer- theils Längsthäler. Als Wasserscheide zwischen Mosel, Rhein und Nahe lässt sich die Hochfläche zwischen Pfalzfeld und Wiebelsheim (Kreis St. Goar) bezeichn en.

Die Nebenthäler der Mosel und des Rheins bilden sich auf den Hochflächen des Hunsrücken als flache Einsenkungen, vertiefen sich im weiteren Verlaufe, indem sie mehr und mehr in das Gebirge einschneiden, bis sie als Thäler mit steilen Gehängen oder als wirkliche Felsenschluchten in die Hauptthäler einmünden.

Auch die linksseitigen Zuflüsse zur Nahe bilden tiefe Felsenthäler, wo sie den Soonwald durchbrechen, z. B. der Hahnenbach, welcher von der Südwestgrenze des Reviers zwischen dem Idarwald und dem Lützelsoon durchfliesst und bei Kirn in die Nahe mündet, und der Simmerbach zwischen Gemünden und Simmern unter Dhaun.

Höhenverhältnisse der Hauptthäler[1]).

		m
Kirn	an der Nahe	189
Kreuznach	„ „ „	108
Bingen (Pegel an der Nahe)	. . .	75
St. Goar	. . . .	64
Coblenz (Rhein-Pegel)	. . . . . .	58
Cochem	an der Mosel	78
Trarbach	„ „ „	90

Höhenverhältnisse der wichtigeren Nebenthäler.

a. Nebenthäler der Nahe.

	m
1. Simmerbach mit dem Tiefenbach, welcher linksseitig bei Gemünden einmündet, Einmündung in die Nahe	169
desgl. bei Simmern	329
„ „ Liebshausen bei der Quelle des Simmerbaches . .	463
2. Fischbach oberhalb Kreuznach (Einmündung des Gräfenbachs in den Fischbach)	124

1) Sämmtliche Höhenangaben sind in Metern ausgedrückt, beziehen sich auf den Nullpunkt des Amsterdamer Pegels und sind dem von Dechen'schen Werke „Orographisch-hydrographische Uebersicht der Rheinprovinz und der Provinz Westfalen" (Band I der „Erläuterung zur geologischen Karte" dieser Provinzen etc. Bonn 1870) entnommen.

		m
	Winterbach (oberes Fischbachthal)	416
3.	Guldenbach bei Langenlohnsheim (Mündung in die Nahe)	91
	Stromberg	201
	Rheinböllen	385
	Quelle bei Struthwiesen	442
4.	Mündung des Glan in die Nahe (rechtsseitig beim Disibodenberg)	130
	Glan bei Lauterecken (Eintritt in das Revier)	158

b. Nebenthäler des Rheins.

Die Thäler charakterisiren sich durch einen verhältnissmässig kurzen Lauf und steiles Abfallen nach dem Rheinthale zu in ihren unteren Partien, wesshalb sie wenig Bedeutung haben und ihre specielle Benennung hier nicht erforderlich erscheint. Die grösseren dieser Thäler münden bei Bacherach, Oberwesel, St. Goar und Boppard in den Rhein.

c. Nebenthäler der Mosel.

		m
1.	Ehrenbach (Mündung bei Brodenbach) Quelle bei Ehr	388
2.	Baybach (Mündung bei Burgen) Quelle bei Hausbay	353
3.	Lützbach, der bei Sabershausen entspringt,	
4.	Flaumbach und Deimbach vereinigen sich und münden bei Treis, obere Zuflüsse zum Flaubach bei Leideneck	483
5.	Altlayer- oder Nothenauerbach (Mündung bei Zell), Quellen bei Löffelschied und Panzweiler	468

Zur weiteren Erläuterung des Bergreliefs des Reviers dürften noch die folgenden Höhenangaben am Platze sein.

Hunsrück:

	m
Carthause bei Coblenz (Exercierplatz)	167
Kühkopf (südlich von Coblenz)	390
Waldesch am Conderbach	278
Rheinfels bei St. Goar	150
Spitzenstein, südwestlich von St. Goar	416
Hohenstein bei Damschied	509
Strasse von Damschied nach Lingerhahn (höchster Punkt)	552
Laudert	468
Braunshorn (Strasse Boppard-Simmern)	497
Dellhofen bei Oberwesel	315
Simmern	330
Argenthal	494
Kirchberg	436
Castelaun	405

Naheberge oberhalb Kreuznach:

	m
Gans	316
Rheingrafenstein	304
Rothenfels	330
Lemberg	420

Soonwaldberge:

Kantrich (Bingerwald)	644
Franzosenkopf	617
Schwanenkopf	606
Simmererkopf	663
Tiefenbacherhöhe	624
Koppenstein	560
Teufelsfels (Lützel-Soon)	580
Oppeler Höhe	642
Altenburg	634

Während die höchsten Theile der Hochebene des Hunsrücken, nämlich die Gegend der Wasserscheide zwischen Mosel, Rhein und Nahe etwa 550 m über dem Meere liegen, erheben sich die Berge der Soonwaldkette bis zu 550—650 m Meereshöhe, eine Erscheinung, welche in dem Schichtenbau und der geognostischen Beschaffenheit der bezüglichen Gebirgsformationen ihre Erklärung findet; die älteren krystallinischen Gesteine des Soonwald haben in Folge ihrer petrographischen Beschaffenheit den Einflüssen der Verwitterung besser widerstanden, als die jüngeren Schiefer- und Grauwackenschichten des Hunsrücken.

Die eruptiven Berge an der Nahe erheben sich bis zu 300 m über die Thalsohle.

III. Geognostische Verhältnisse[1]).

In dem Reviere Coblenz II sind an Sedimentärgesteinen vertreten: Krystalline Gesteine der unteren und oberen Taunusgruppe (Sericitgneiss,

1) Die Bearbeitung dieses Abschnitts hat der mit dem Gegenstande speciell vertraute Landesgeologe Herr Grebe zu Trier freundlich übernommen.

Die Mittheilungen sind nach den neuesten geologischen Untersuchungen auf Veranlassung der Königlichen geologischen Landesanstalt in Berlin unternommen, zusammengestellt und dabei Arbeiten von C. Koch, E. Weiss, E. Kayser, ältere von C. Lossen und H. C. Weinkauff benutzt worden.

Sericitglimmerschiefer und Phyllit), Unter- und Mitteldevon, dann Unter- und Oberrothliegendes, Tertiär; ferner erscheinen diluviale und alluviale Bildungen in grosser Verbreitung. Von Eruptivgesteinen kommen Diabas, Glimmerporphyr (Kersantit), Porphyr, Porphyrit, Melaphyr und Basalt vor.

A. Sedimentärgesteine.

Der grösste Theil wird von Unterdevon eingenommen, es erstreckt sich vom Rheine zwischen Bingerbrück und Coblenz über den Hunsrück nach der Mosel und reicht S.O. bei Kirn fast bis zum Nahethal; zwischen Bingerbrück und Sarmsheim stösst es an dasselbe. Die S.O.-Grenzlinie des Unterdevons von Kirn nach Sarmsheim verläuft in fast grader Linie von S.W. nach N.O. Die krystallinischen Gesteine, zuerst durch C. Lossen nachgewiesen, bilden am S.O.-Rande des Unterdevons einen schmalen Streifen, der sich von der unteren Nahe bis in die Nähe von Kirn erstreckt.

Die Unterdevonschichten bilden auf dem Hunsrück ein Hochplateau und im S.O.-Theile desselben, dem Soonwalde, einen mächtigen Gebirgswall, die unmittelbare S.W.-Fortsetzung des Taunus. Er ist daher mit Recht von C. Lossen als der linksrheinische Taunus bezeichnet worden; nur das tiefe Rheinthal zwischen Bingen und Trechtlingshausen scheidet den linksrheinischen von dem rechtsrheinischen Taunus und trennt die hohen Quarzitrücken zu beiden Seiten des Rheines. Von ferne gesehen, z. B. vom Donnersberg aus, stellt der Gebirgskamm des links- und rechtsrheinischen Taunus eine zusammenhängende Kette dar mit wellenförmigen Contouren, aus der die einzelnen Höhen nur schwach hervortreten; selbst der höchste Punkt im linksrheinischen Taunus, der Walderbeskopf, ragt kaum merklich hervor. Gegen das Rheinthal findet eine steile Abdachung statt, und ebenso steil steigt auf der rechten Rheinseite der eigentliche Taunus an; das Rheinthal bildet unterhalb Bingen nur eine tiefe Furche in dem Gebirgswall.

Der Soonwald und der westliche Theil desselben, der Lützelsoon, bestehen aus mehreren parallelen Quarzitrücken, die eine Breite von 5 bis 8 km einnehmen. Der nordwestliche, etwa 2 km breite Hauptrücken dehnt sich von der Ruine Sooneck am Rhein durch den Binger Wald über die Rheinböller Hütte, den Märker Wald, durch den Lützelsoon mehr und mehr sich verschmälernd, nach Soonschied auf der rechten Seite des Hahnenbachs aus, wo er in einen schmalen Streifen ausläuft. Die Länge desselben vom Rheine bis Soonschied beträgt 40 km. S.W. von Seibersbach erhebt sich ein ebenso breiter Quarzitrücken, der sich südwestlich über die Oppeler Höhe, Ellersprung, Altenburg bis nach Schwarzerden auf eine Länge von 20 km erstreckt. Ein dritter paralleler Quarzitrücken, der südliche, beginnt unterhalb der Gräfenbacher Hütte auf der rechten Seite des Gräfenbachs und dehnt sich in N.O.-Richtung über den Weissenfels nach dem Guldenbach unterhalb Stromberg aus. Der Quarzit des Hassenkopfs S.O. von Weiler, der auf der rechten Seite der Nahe am Rochusberg weiter verläuft, scheint in der N.O.-Fortsetzung des Weissenfelser Rückens zu liegen. Zwischen dem Bingerwalde und Waldalgesheim befinden sich noch einige kleinere Quarzitrücken, welche auf der rechten Rheinseite sich durch den Niederwald weiter erstrecken.

7 km westlich vom Ausläufer des Lützelsoons bei Soonschied beginnt am Fischbach der Wildenburger Quarzitrücken, und etwa 7 km N.W. von diesem liegen die beiden Quarzitrücken, welche den Idarwald bilden. Sie haben dieselbe Richtung wie die im Soonwalde von S.W. nach N.O. Weiter S.W. vom Idarwalde verlaufen durch den Hochwald eine Reihe paralleler Rücken, von denen sich einige bis zur Saar hin ausdehnen. Es möge hier erwähnt werden, dass gerade diese Rücken ausserhalb des Reviers Coblenz II in den letzten Jahren einer speciellen Untersuchuug unterzogen worden sind, deren Ergebnisse in einer Abhandlung für das Jahrbuch der Königlichen geologischen Landesanstalt von 1880 „über die Quarzitsattelrücken im südöstlichen Theile des Hunsrück" niedergelegt sind. Dieser Arbeit ist auch eine geologische Uebersichtskarte beigefügt. In derselben ist nachgewiesen worden, dass diese Quarzitrücken als Sättel auftreten und die unterste Stufe des Unterdevons bilden. Diesen Nachweis zu führen, war nicht leicht. Sie beginnen oft schmal, verbreiten sich in der Fortsetzung und laufen meist schmal aus. Eine Zeit lang wurden sie als mächtige quarzitische Einlagerungen in die Schieferschichten angesehen; es sind auch in dem ganzen sehr bewaldeten Gebiete von der Saar bis zum Soonwalde, zumal im westlichen Theile, dem Hochwalde, meist nur recht dürftige Aufschlüsse vorhanden. Was die Erkennung der sattelförmigen Stellung der Quarzitschichten weiter sehr erschwerte, war der Umstand, dass die Schichtungsverhältnisse in dem besten und grössten Aufschluss, den das Saarthal in dem westlichen Theile des Hochwaldquarzits bildet, ganz eigenthümliche sind. Am ersten ist die Sattelstellung der Schichten in dem Durchbruch des Idarbaches durch den Wildenburger Quarzitrücken, am sog. Katzenloch, nachgewiesen worden, woselbst durch Wegebau gute Aufschlüsse erfolgt sind. Nachher wurde sie auch erkannt auf dem Kamm des Rückens zu beiden Seiten des Katzenlochs und auch bei dem 5 km N.-W. von der Wildenburg gelegenen Quarzitrücken bei den Aufschlüssen in den Querthälern bei Langweiler und Schauren.

Man folgerte nun, dass auch die übrigen Quarzitrücken des linksrheinischen Taunus Sattelbildungen sein dürften; es wurde daher eine besondere Aufmerksamkeit darauf verwandt, sie auch bei diesen nachzuweisen; namentlich wurde das Saarthal wiederholt begangen. Hierbei zeigte sich, dass die Schichtungsverhältnisse des Quarzits andere sind, als sie früher angesehen wurden. Hier ist neben der Schichtung eine sehr entwickelte Absonderung vorhanden. Während die Schichtung meistens eine versteckte ist, tritt die Absonderung viel stärker hervor, so dass die Absonderungsflächen für die Schichtungsflächen angesehen worden sind, wie es ja überhaupt in älterem geschichteten Gebirge oft sehr schwer hält, Absonderung von Schichtung zu unterscheiden und man darüber in vielen Fällen ganz im Zweifel bleibt. Es konnten dann im Saarprofil eine Reihe Quarzitsättel unterschieden werden.

Auf diese in dem erwähnten Aufsatze weiter ausgeführten Ergebnisse über die Sattelstellung des Taunusquarzits hier zurückzukommen, war nöthig, weil man über die Lagerungsverhältnisse desselben so lange im Unklaren war.

Bei den durch den Soonwald weiter fortsetzenden, oben gedachten Quarzitrücken wurde in dem schmalen und sehr langgestreckten Rücken des Lützelsoons auch die Sattelstellung der Quarzitschichten S.O. von Bruschied erkannt, indem am N.W.-Abfall des scharfen Rückens dieselben mit 80 Grad nach N.W. und am S.O.-Hange mit ebenso viel Grad nach S.O. fallen. Auch in der N.O.-Fortsetzung beim Durchbruch des Kellerbachs unterhalb Gehlweiler ist die Sattelstellung des Quarzits wahrzunehmen. Sie wird sich bei den verschiedenen Rücken im Soonwalde und nach dem Rheine hin gewiss noch an manchen Stellen nachweisen lassen bei ganz sorgfältigem Begehen des Terrains, wobei alle vorkommenden Aufschlüsse in's Auge gefasst werden müssen. Die besten Aufschlüsse gewähren die Querthäler und der Kamm der Quarzitrücken; an den Gehängen sind fast nie gute Aufschlüsse wegen der starken Schotteranhäufungen wahrnehmbar.

Der Quarzit (Taunusquarzit und Sandstein) ist nach der mikroskopischen Untersuchung von Zirkel als ein Sandstein anzusehen, der aus sehr kleinen, wasserhellen Quarzkörnern besteht, umgeben von sehr dünnen Blättchen rein weissen Glimmers oder von Sericit. Selten sind darin dünne Eisenglanzschüppchen. Der Quarzit ist oft recht deutlich in stärkere oder schwächere Bänke abgesondert; die Schichtungsflächen sind vielfach mit kleinen oder grösseren Glimmerblättchen bedeckt; er ist von weisser, graulich weisser, röthlich weisser Farbe, oft mit bunten rothen Flecken. Adern von weissem Quarz (Milchquarz) verlaufen in verschiedenster Weise. Versteinerungen sind in dem Soonwaldsquarzit bis jetzt noch wenige bekannt geworden, die Fundpunkte werden sich aber mehren, sobald die geologische Specialuntersuchung in dieser Gegend unternommen wird. Früher kannte man im ganzen linksrheinischen Taunus auch nur wenige Localitäten im Quarzit des Hochwaldes und der Saargegend. Es sind aber in fast allen Rücken, wo sich gute Entblössungen fanden, Versteinerungen entdeckt worden. Im Revier Coblenz II wurden solche bis jetzt gefunden im Lützelsoon, unterhalb Gehlweiler, im Durchbruch des Kellenbachs östlich von Koppenstein und in dem südlich davon gelegenen Rücken bei Schwarzerden, im Steinbruch bei Rheinböller Hütte und bei Stromberger Neuhütte. Von hier giebt E. Kayser (Beitrag zur Kenntniss der Fauna des Taunusquarzits. Jahrbuch der Königl. geologischen Landesanstalt von 1880) an:

Murchisonia Taunica n. sp. Pleurotomaria ? sp. Pterinea costata

Goldf. ? Rensselaeria strigiceps (F. Röm.) Spirifer primaevus (Stein.), Chonetes sarcinulata (Schl.).

Als Leitversteinerungen für den Taunusquarzit gelten Spirifer primaevus Stein, Homalonotus Roemeri de Kon., Tentaculites grandis F. Röm.

Am S.O.-Rande des Soonwaldes, etwa südöstlich einer Linie von Schloss Dhaun über Seesbach, Winterbach, Spall, Spabrücken, Schweppenhausen nach Sarmsheim hin bis zur 2—3 km entfernten Scheide gegen das Unter-Rothliegende tritt eine Reihe krystallinischer Gesteine auf: bunte Phyllite mit darunter lagerndem Sericitgneiss und Sericitglimmerschiefer, wie sie auch am S.O.-Rande des rechtsrheinischen Taunus zwischen Wiesbaden und der Platte durchsetzen, über deren Alter noch verschiedene Ansichten herrschen. Ein Theil namhafter Geologen sieht die untere Abtheilung, die Sericitgesteine, für Cambrisch oder Huronisch an. Auch wohin die obere Gruppe, die Phyllite gehören, darüber herrschen noch verschiedene Meinungen; belgische und französische Geologen scheinen die Phyllite zu dem untersten Gedinnien (zur untern Etage des Devonien) ziehen zu wollen. C. Koch hat in seinen Erläuterungen zu den Taunusblättern unterschieden:

untere Gruppe der azoischen Taunusgesteine {
- Sericitgneiss,
- Hornblende-Sericitschiefer,
- Glimmer-Sericitschiefer,
- bunter Sericitschiefer,

obere Gruppe {
- grauer Taunus-Phyllit,
- körniger „ „
- Quarzit des Taunus-Phyllit,
- bunter Taunus-Phyllit.

Eine ältere, sehr eingehende Arbeit über diese krystallinen azoischen Schichten am Südrande des Soonwaldes ist von C. Lossen (Zeitschrift der deutschen geologischen Gesellschaft, Jahrgang 1867) nebst einer geologischen Uebersichtskarte, auf der angeführt sind: Sericitgneiss, Sericitglimmerschiefer, einzelne Gneisslager in Glimmerschiefer oder Phyllit, grüne Schiefer d. h. Augitschiefer und Sericitkalkphyllite; er sieht sie als metamorphosirte Unterdevongesteine an und lässt darauf den Quarzit als oberes Unterdevon folgen.

Im Hahnenbachthale bei Schloss Wartenstein ist eine Stelle bekannt, wo in einem breiten Band ganz nach Hunsrückschiefer aussehende Schichten, auch gneissartige Einlagerungen vorkommen. Die geologischen Detailaufnahmen der nächsten Jahre werden hoffentlich grössere Klarheit bringen über diese krystallinen Gesteine am S.O.-Rande des Soonwaldes. C. Koch giebt in seiner Abhandlung „Ueber die Gliederung der rheinischen Unterdevonschichten zwischen Taunus und Westerwald“ (Jahrbuch der Königl. geologischen Landesanstalt von 1880) ein Profil von der Clemenscapelle bei Trechtlingshausen, wo unter dem typischen Taunusquarzit ein spitz aufsteigender

Sattel von Taunusphyllit mit seinen verschiedenen, immer wiederkehrenden körnigen quarzitischen und echt schiefrigen Formen auftritt. Koch sagt weiter: „In diesem den Rhein durchsetzenden Sattel muss man sich die westlichen Ausläufer der eigentlichen Taunusgesteine denken, solche verschwinden weiter westlich unter dem sich darüber zusammenschliessenden Taunusquarzit, wie dieser noch weiter westlich bei Soonschied wieder unter dem Hunsrückschiefer verschwindet."

Die auf den Taunusquarzit folgende Abtheilung des Unterdevons bilden die Hunsrückschiefer, welche zwischen den Quarzitrücken des Soonwaldes, soweit sie nicht mit Schotter am Fusse der Rücken bedeckt sind, hervortreten und sich auf der südöstlichen Seite derselben nur wenig mehr forterstrecken; N.W. davon dehnen sich diese Schiefer über einen ansehnlichen Theil des Hunsrücks aus. Sie zeigen auf der N.W.-Seite des Soonwaldes ein mehr oder weniger steiles nordwestliches Einfallen bis zu 80 Grad bei der durchschnittlichen Streichungslinie zwischen St. 3 bis St. 5. Aber auch in den Querthälern südöstlich von den Quarzitrücken, wie namentlich im Kellenbach- und Hahnenbachthale constatirt werden konnte, haben dieselben Schiefer meist ein N.W.-Einfallen, so dass es den Anschein hat, als fielen sie unter dem Quarzit ein. Oftmals sind sie steil aufgerichtet; es kommen Schwankungen vor von S.O. und N.W.-Fallen. Die Schieferschichten scheinen hier zum Theil spitze Sättel zu bilden, die überkippt sind, so dass beide Sattelflügel ein gleiches Einfallen nach N.-W. haben. Auch bei dem Hunsrückschiefer hält es oft recht schwer, das richtige Einfallen zu erkennen, indem eine häufig vorkommende discordante Schieferung irre führt; dabei erscheint vielfach noch eine Parallelzerklüftung. Biegungen und Knickungen der Schichten sind vielfach zu beobachten.

Die Schiefer dieser Zone sind von dunkelblauer, grauer und schwärzlicher Farbe, meist von mattem, selten glänzendem Ansehen; sie treten, durch die vielfache Zerklüftung verursacht, oft griffelförmig auf, sehen zuweilen, wenn sie lange den Atmosphärilien ausgesetzt waren, wie Holzspäne aus. Sie sind meist dick-, oft auch dünnschiefrig und nicht selten zur Darstellung von Dachschiefern geeignet. Mit den Schiefern wechseln häufig dünnere und dickere Sandsteinbänke; graue Quarzite liegen oft in Form von Nieren in dem Schiefer; an manchen Stellen kommen auch starke Bänke von Quarzit darin vor, so im Kellenbachthale und mehr noch im unteren Hahnenbachthale; der schmale und zackige Kamm des Callenfels im unteren Hahnenbachthal bildet eine mächtige Bank von Quarzit zwischen den Schiefern, die sich von der Devongrenze, W. von Callenfels bis O. von Oberhausen auf eine Länge von 3 km verfolgen lässt. Diese Quarzite unterscheiden sich von dem eigentlichen Taunusquarzit durch eine graue Färbung und sind oft sehr glimmerreich. Noch wäre zu erwähnen, dass auch mächtige Quarzgänge, die oft in Felsen über die Plateaus hervorragen, durch den Schiefer setzen;

schmale Adern und Schnüre, die häufig im Streichen der Schichten verlaufen, sind eine ganz gewöhnliche Erscheinung.

Schon Dumont nannte diese breite Schieferpartie des Hunsrück Hunsruckien, und C. Koch hat sie auf der rechten Rheinseite, wo sie besonders in dem Wisperthale sehr entwickelt ist, Wisperschiefer genannt.

Auf der N.-W.-Seite des Lützelsoon und des eigentlichen Soonwaldes dehnen sich einige parallel verlaufende Dachschieferzonen im Hunsrückschiefer aus, die westlich schon zu beiden Seiten des Wildenburger Quarzitrückens, bei Allenbach und Kirschweiler beginnen. Die nördliche dehnt sich von Allenbach über Kempfeld nach Rhaunen und Bundenbach, die südliche von Kirchweiler über Niederhosenbach nach Gemünden und Mengerschied aus. Die Schieferzonen von Bacharach und Caub liegen in der N.-O.-Fortsetzung.

Als Leitpetrefakten gibt C. Koch für die Hunsrückschiefer, die im Ganzen arm an Versteinerungen sind, an: Homalonotus planus Sdb., Cryphaeus laciniatus F. Röm., Cyathocrinns pinnatus Goldf.

Die sonst wesentlichsten Versteinerungen bestehen in folgenden: Phacops Ferdinandi (Kayser) bei Bundenbach und Gemünden, Strophomena laticosta (Conrad) bei Caub und im Wisperthale, Spirifer micropterus d'Arch. et de Vern. an vielen Stellen rechts- und linksrheinisch, eine sehr grosse Form von Zaphrentis Sp. bei Caub und vielfach auf dem Hunsrück verbreitet.

In einer besonderen Facies, den Asterien-Schiefern von Bundenbach, treten verschiedene Seesterne als eigenthümliche Vorkommen auf; von hier bestimmte F. Römer Asterias asperula (Aspidura), Asterias spinosissima, Aspidosoma Tischbeinianum, Helianthaster Rhenanus; ferner von Crinoideen Cyathocrinus gracilior, Poteriocrinus nanus. Dann kommen bei Bundenbach vor nach E. Kayser petrajaartige Korallen, einige kleinere Zweischaler, ein grosser Phacops.

Eine reiche Fundstätte für Versteinerungen des Hunsrückschiefers, die in den letzten Jahren entdeckt wurde, ist der Dachschieferbruch Kaiserbruch bei Gemünden. Hier fanden sich wie bei Caub auch keine Asterien, aber Cephalopoden und grosse Goniatiten (evexus oder Dannenbergi) ziemlich häufig. Ferner ist diese Localität ausgezeichnet durch zahlreiche, für das rheinische Unterdevon geradezu gigantische Cardiolaceen nebst Crinoideen, Tentaculiten und seltene algenartige Pflanzen. Brachiopoden kommen nur spärlich vor, dagegen häufig Phacops Ferdinandi n. sp. oft bis 13 cm lang.

Die Scheide des Hunsrückschiefers gegen die nächste Abtheilung des Unterdevons, die Coblenzschichten oder der Spiriferensandstein, zieht etwa von St. Goar über die Höhe des Hunsrück, Castellaun nach der Mosel zwischen Zell und Berncastel. Es sind aber im Unterdevon des Hochplateaus vom Hunsrück noch keine geologischen Specialuntersuchungen erfolgt; erst in den nächsten Jahren wird eine genauere Abgrenzung des Hunsrückschiefers gegen die Coblenzschichten und eine nähere Unterscheidung dieser nach Coblenz hin vorgenommen werden können. Dabei wird die Gliederung der rheinischen Unterdevonsschichten, wie sie der für die Wissenschaft leider zu früh verstorbene Landesgeologe Dr. C. Koch zwischen Taunus und Westerwald in seiner vortrefflichen, oben bereits angeführten Abhandlung aufgestellt hat, zur Richtschnur dienen, da ja die Unterdevonschichten des Hunsrück in der unmittelbaren S.W.-Fortsetzung des von Koch näher beschriebenen Gebirgstheils, zwischen Taunus und der Lahn, liegen; der Rhein hat ja nur in das Unterdevon eingeschnitten. Es müssen daher bei der Kartirung und Beschreibung die Gesteine auf der linken ebenso, wie auf der rechten Rheinseite behandelt werden.

C. Koch macht bei den Schichten zwischen Taunus und der Lahn folgende Eintheilung.

A. Unteres Unterdevon:

I. Stufe Taunusquarzit.

B. Mittleres Unterdevon:

II. Stufe Hunsrück(Wisper)schiefer.

Spiriferen-Sandstein {
III. Stufe Untere Coblenzschichten.

C. Oberes Unterdevon:

IV. Stufe Chondritenschichten mit dem Plattensandstein von Capellen.

V. Stufe obere Coblenzschichten.
}

VI. Stufe Orthocerasschiefer.

In der III. Stufe, den unteren Coblenzschichten, kommen oft massig auftretende Grauwackenbänke vor. Ueber dem Hunsrückschiefer erscheinen an der Basis der Coblenzschichten rauhe, sandsteinartige oder quarzitische, petrefaktenreiche Bänke, welche flache Mulden mit N.- und S.-Fallen der Flügel bilden. Die hier vorkommenden Quarzite schlägt Koch vor, zum Unterschied von den Taunusquarziten mit Grauwackenquarzit oder Coblenzquarzit zu bezeichnen; dahin dürften die Quarzitpartien westlisch von St. Goar gehören. Als Leitpetrefakten dieser Stufe führt Koch an:

Homalonotus crassicauda (Sandb.), Tentaculites scalaris (Schloth.), Grammysia Hamiltonensis (d'Arch. et de Vern.), Grammysia pes anseris (Zeiler u. Wirtgen), Spirifer hystericus (Schoth.), Rensselaeria strigiceps (F. Röm.), Rhodocrinus gonatodes (Zeiler u. Wirtgen), Spirifer macropterus (Goldf.), Pleurodictyum problematicum (Goldf.)

Der Grauwackenquarzit kommt an der unteren Lahn über Schiefern vor, die Koch für Hunsrückschiefer hält. Der Quarzit von Hohenrhein bildet einen breiten Sattel, welcher aus schiefrigen Grauwackenschichten mit N.- und S.-Fallen hervortritt. Dieser Sattel setzt weithin nach der Mosel fort; nördlich davon zeigen alle Schichten ein deutliches N.-Fallen, südlich ein regelmässiges S.-Fallen. Während die II. Stufe ein einfaches, aber sehr mächtiges Schiefergebirge darstellt, tritt die III. Stufe geringmächtig in grosser Mannigfaltigkeit unter sehr veränderten Verhältnissen auf. Grauwacke, Grauwackeschiefer, Grauwackequarzit und Pterineenschiefer.

Die IV. Stufe sind die Chondritenschichten mit den Plattensandsteinen von Capellen: blauer und blaugrauer, meist zarter, auf seinen Spaltflächen vielfach graphitisch glänzender Schiefer, zwischen welchem sich plattenförmige Bänke eines festen, grauen Sandsteins einschieben, dessen Platten von 2 bis 35 cm schwankender Dicke auftreten. Die Schiefer und Plattensandsteine vertreten einander gegenseitig, wie zwischen Capellen und Laubach. Die Sandsteine sind meist sehr glimmerreich und immer von grauer und weissgrauer Farbe; einzelne Bänke derselben führen gut erhaltene Versteinerungen, bei denen unter den Brachiopoden Orthis und Chonetes vorwalten. Häufig sind in diesen Schichten Pflanzenreste (Fucoideen). Gegen die obere Grenze derselben kommt manchmal eine etwas massigere, gelbgraue, feste Grauwackenbank vor, reich an Thierresten, welche besonders durch einen spitzschwanzigen Homalonotus gekennzeichnet ist. Chondritus antiquus kommt im Schiefer und Sandstein vor. Sehr gut aufgeschlossen finden sich die Chondritenschichten auf der rechten Moselseite am Wege von Brodenbach nach Oppenhausen.

Als Leitpetrefakten sind anzusehen: Homalonotus scabrosus (C. Koch), Acanthocrinus longispina (A. Römer), Chondrites antiquus (Sternberg), Halyserites Dechenianus (Göppert). Die Chondritenschichten gehen in die folgende Stufe, die oberen Coblenzschichten, womit der Spiriferensandstein abschliesst, über, und die Grenze zwischen der IV. und V. Stufe ist schwieriger zu bestimmen.

Die oberen Coblenzschichten erscheinen meist als schieferige Grauwacken, schliessen selten Dachschieferlager ein, noch seltener kommen quarzitische Einlagerungen vor. Leitpetrefakten sind: Phacops latifrons (Bronn), Rhynchonella pila (Schuur), Atrypa reticularis (Lin. sp.) sehr häufig, Orthis vulvaria (Schloth.), Streptorhynchus umbraculum (Schloth.), Pentamerus rhenanus (F. Römer), Spirifer cultrijugatus (F. Römer), Spirifer speciosus (Bronn), Spirifer macropterus (Goldf.). Als besondere Facies dieser Schichten sind zu erwähnen: Kalksteinbänke (Condelthalkalk), Dachschiefer, gelbe Schiefer mit Phacops und Cryphaeus (Trilobiten-Schiefer) und oberen Coblenzquarzit.

Die VI. Stufe, der Orthocerasschiefer, ist im Revier Coblenz II nicht nachgewiesen worden.

Das Mitteldevon ist durch den Kalk Stromberg vertreten, der hier muldenförmig erscheint. An der Grenze desselben gegen das obere Unterdevon ist kein Orthocerasschiefer zu erkennen, vielmehr ist der Kalk dem Spiriferensandstein unmittelbar aufgelagert. Aehnliche Verhältnisse hat C. Koch zwischen dem Taunus und Westerwald beobachtet. S.W. von Stromberg dehnt der Kalk sich etwa 2 km aus, N.O. bis Walderbach hin; hier treten, wie in der Eifel, an der Basis Eisenerzlager auf. Der Kalk ist graublau bis grauschwarz, häufig marmorirt, fein krystallinisch, manchmal auch körnig. In demselben sollen nach C. Lossen Crinoidenstielglieder und Korallen nachgewiesen worden sein. Er ist deutlich geschichtet in Bänken von 1 bis 3 dm Dicke.

Der Dolomit von Bingerbrück ist nach C. Lossen ein Theil des Stromberger Kalkmassivs. Derselbe wird zur Cementfabrikation verwandt.

Am südöstlichen Rande des älteren Gebirges von Kirn bis Sarmsheim lagern zunächst die Schichten des Unter-Rothliegenden, auf welche in concordanter Auflagerung das an der Nahe so mächtig entwickelte Ober-Rothliegende folgt. Die Schichten des Unter- und Ober-Rothliegenden dehnen sich durch das Meisenheim'sche bis in die Pfalz aus. Sie bilden an der Nahe eine grosse Mulde, deren Tiefstes sich von der oberen Nahe bis in die Gegend von Kreuznach erstreckt. Am Lemberg, auf der rechten Seite der Nahe, tritt ein rings geschlossener Sattel hervor; es erscheinen hier noch einmal die oberen Schichten des produktiven Steinkohlengebirges, die E. Weiss als Ottweiler Stufe bezeichnet hat. Die Gesteine derselben setzen aber nur auf eine ganz kurze Erstreckung auf der linken Naheseite fort.

Das Unter-Rothliegende zerfällt in zwei Hauptabtheilungen, die Cuseler und Lebacher Schichten, von denen erstere durch das Vorkommen von schwachen Kohlenflötzen, letztere durch Einlagerungen von Thoneisenstein, die bekannten Lebacher Erze, ausgezeichnet sind. Die Gesteine beider Abtheilungen bestehen aus Schieferthonen, Conglomeraten und Sandsteinen. In der unteren treten ausser Kohlen- auch schwache Kalkflötze auf.

Die Cuseler Schichten dehnen sich am Rande des alten Gebirges vom Hochwald, Idar- und Soonwald aus der Gegend von Nonnweiler a. d. Prims über Kirn hinaus aus; die Richtung der wenig gebogenen Grenzlinie ist im Allgemeinen von S.-W. nach N.-O. In dieser Erstreckung bilden die Cuseler Schichten einen schmalen Streifen, in der Kirner Gegend von $^1/_2$ bis 1 km Breite, der sich nach N.-O. mehr und mehr verschmälert. An mehreren Stellen, besonders in den Querthälern des Fischbachs, der bei Fischbach, und des Hahnenbachs, der bei Kirn in die Nahe einmündet, ist die discordante Auflagerung auf die älteren Schichten aufgeschlossen, in interessantester Weise auf der rechten Seite des Hahnenbachs unterhalb Callenfels, gleich neben der Schleifmühle. Man nimmt hier wahr, dass die Cuseler Schichten mit flachem südlichen Einfallen von 15 bis 20 Gr. auf die steil gegen N. einfallenden älteren Schichten übergreifen. Ein gleiches flaches Einfallen gegen S. zeigen auch die auf den Cuseler Schichten weiter im Hangenden ruhenden Lebacher Schichten. Dasselbe kann man auch auf der rechten Seite der Nahe, südlich von Kirn beobachten bis zu der grossen Verwerfung, die von Kirn-Sulzbach über den Gauskopf, den Hellberg nach Hochstädten hin verläuft. Südlich von dieser Kluft fallen die Cuseler und Lebacher Schichten mit 50 bis 60 Gr. gegen S.; erst mit der Auflagerung der Ober-Rothliegenden tritt, wie man im Krebsweiler Thale sehr gut beobachten kann, ein flacheres Fallen ein. Weiter südlich bei Becherbach ist das Muldentiefste. Erst bei Sienhopstädten kommen die Schichten des Unter-Rothliegenden wieder zum Vorschein, und zwar zunächst die obere Abtheilung desselben, die Lebacher Schichten, nach dem Glan hin und in der Nähe von Medard auch die Cuseler Schichten.

Bei den Cuseler Schichten werden zwei Unterabtheilungen unterschieden, eine untere und eine obere. Im Revier Coblenz II hat sich bis jetzt nur die obere Stufe erkennen lassen. Dieselbe besteht aus einem mächtigen Schichtencomplex, einem Wechsel von dunkel gefärbten Schieferthonen, Conglomeraten und Sandsteinen; auch letztere sind meist von dunkeler, seltener von heller Färbung, feinkörnig und glimmerreich. Die grauen Conglomerate führen viele Brocken von Devongestein (Thonschiefer, Quarz und Quarzit) bis zu Faustgrösse. Die Sandsteine, selten Arkosen, erscheinen zuweilen in stärkeren Bänken und werden zu Bausteinen verwandt. Die ganze Mächtigkeit der oberen Cuseler Schichten beträgt in der Kirner Gegend, wo sie am besten aufgeschlossen sind, 60 bis 80 m. Darin tritt bei Kirn ein Kohlenflötz auf, das St. 6 bis 7 streicht bei 14 Gr. südlichem Einfallen; es ist durchschnittlich 65 cm mächtig und besteht aus zwei Bänken von 50 resp. 15 cm. Der liegende Schieferthon enthält zwei durchgehende Lagen von thonig-sandigem Sphärosiderit und Nieren von thonigem Sphärosiderit. Das Hangende des Kohlenflötzes besteht aus wechselnden Schichten von Schieferthon mit Nieren von sehr armem thonigen Sphärosiderit und Sandstein mit sehr vielen Muschelabdrücken. Auch auf der rechten Seite der Nahe, dem Bahnhof Kirn gegenüber, soll ein Kohlenflötz in den oberen Cuseler Schichten angetroffen worden sein, dasselbe hat aber, wie versichert wird, eine sehr unedle Kohle enthalten; ferner hat man bei Martinstein ein Kohlenflötz erschlossen, und an der unteren Nahe wurde ein solches im Voreinschnitt zum Norheimer Tunnel gefunden. Weiter westlich von Kirn trifft man alte Kohlenhalden auf Birkenfeld'scher Seite und dann jenseits Birkenfeld bei Buhlenberg und Eisen; hier war in den 70er Jahren für kurze Zeit ein Betrieb eröffnet worden. Ebenso wurden am Glan im Meisenheim'schen früher einige kleine Kohlengruben betrieben.

Die oberen Cuseler Schichten, die Sandsteine sowohl wie die Schieferthone, sind oft reich an Muschelresten (Anthracosia Goldfussiana); besonders häufig findet sich diese Muschel am rechten Naheufer, dem Bahnhof Kirn gegenüber.

An Pflanzenresten kommen am häufigsten vor: Walchia piniformis Schloth. und Alethopteris (Callipterus) conferta Stbg., ausserdem viele unbestimmbare, besonders auf den Schieferthonen.

Dem Bande der Obercuseler Schichten folgen die Lebacher und zwar zunächst die unteren Lebacher Schichten in gleichförmiger Lagerung von der

Landesgrenze westlich von Kirn bis zum Güldenbach aushaltend; westlich setzen sie weit fort bis zum Wadrillbach im Kreise Merzig. Im Nahethal dehnen sie sich von Kirn nach Kirn-Sulzbach aus fast bis zu der grossen Verwerfung und ziehen südöstlich von derselben vom Krebsweilerthale in der Richtung nach Martinsstein. Einen der schönsten Aufschlüsse der Lebacher Schichten gewährt das Krebsweiler Thal, das sich 2 km oberhalb Kirn in's Nahethal öffnet. Der südliche Muldenflügel der Lebacher Schichten dehnt sich von Sienhopstädten über Hundsbach, Staudernheim nach Weinsheim hin breit aus.

Die Gesteine der Lebacher Schichten zerfallen ebenfalls in eine untere und eine obere Stufe. Die untere beginnt über den oberen Cuseler Schichten mit stellenweise mächtigen Lagen von gelblichem Sandstein, der an verschiedenen Punkten durch Steinbrüche aufgeschlossen ist. Darüber treten meist dünnblättrige, schwarze Schieferthone mit Nieren und regelmässigen Platten von thonigem Sphärosiderit auf, welche bis vor zehn Jahren in grossen Tagebauen westlich von Kirn bei dem Birkenfeld'schen Orte Berschweiler gewonnen worden sind. Diese Tagebaue sind aber, wie alle in der dortigen Gegend früher betriebenen Thoneisensteingruben, jetzt eingestellt, da der Thoneisenstein für die Konkurrenzverhältnisse zu geringhaltig (er liefert im Durchschnitt nur 25% Roheisen) und überdies in den Nieren durch Bleiglanz, Zinkblende und Kupferkies verunreinigt ist. Die Sphärosideritnieren bei Berschweiler enthalten an Fischen: Amblypterus macropterus Ag., Palaeoniscus Vratislaviensis Ag., Xenacanthus Decheni Goldf., Acanthodes Bronnii Goldf.; an Sauriern Archaegosaurus latirostris Jord. und A. Decheni Goldf.; an Crustaceen Gampsonix fimbriatus (Jord.). Auch Coprolithen sind häufig in den Eisensteinnieren.

An Pflanzenresten sind aus den liegenden Sandsteinen der unteren Lebacher Schichten Calarniten, aus den plattenförmigen Sphärosideriten viele Farnabdrücke zu erwähnen; nach E. Weiss (Fossile Flora der jüngsten Steinkohlenformation und des Rothliegenden im Saar-Rhein-Gebiete) Cyclopteris triloba (Weiss), Odontopteris obtusa (Brong.), Odontopteris conferta subsp. confluens (Sternb.), Odontopteris conferta subsp. lanceolata (Sternb.), Sphenopteris Decheni (Weiss), Asterocarpus eucarpus (Weiss), Asterophyllites radiiformis (Weiss), Walchia flaccida (Göppert).

Die obere Stufe der Lebacher Schichten enthält vorherrschend Sandsteine und Conglomerate von rother und röthlich grauer, seltener weisser Farbe. Die Sandsteine sind fein- und grobkörnig, zuweilen auch conglomeratisch; nicht selten stellen sie sich als Arkosen (Feldspathsandsteine) dar und führen dann grosse weisse Glimmerblättchen. In diesen Schichten sind blos Calamiten (Calamites gigas) gefunden worden. Ein grosses Exemplar kam vor am Bahnanschnitt oberhalb Kirnsulzbach.

Die Sandsteine dieser Stufe werden vielfach gewonnen.

Das Ober-Rothliegende dehnt sich an der Nahe weit und in grosser Breite aus, indem es die grosse Mulde der vorher betrachteten Schichten des Unter-Rothliegenden ausfüllt. Es erstreckt sich an der unteren Nahe von Oberstein bis Sarmsheim bei Bingen auf eine Länge von 50 km. In der grössten Breite, von der Grenze der Kreise Kreuznach und Meisenheim im Krebsweilerthal bis Sienhopstädten, nimmt es 8 km ein.

Das Ober-Rothliegende im Saar- und Nahegebiet ist seit einer Reihe von Jahren einer ganz eingehenden geologischen Untersuchung unterzogen worden[1]). Es sind an der Nahe drei Hauptabtheilungen unterschieden worden, welche jedoch nicht die geologische Wichtigkeit der Abtheilungen des Unter-Rothliegenden besitzen und sich lediglich auf petrographische Unterschiede beziehen:

Untere Abtheilung (Untere Söterner Schichten)	Unterer Thonstein, Oberer Thonstein.

Zwischen beiden häufig eine Decke von basaltischem Melaphyr und Melaphyr-Mandelstein (Grenzmelaphyr).

Mittlere Abtheilung (Obere Söterner Schichten)	Melaphyr- und Quarzitconglomerat oft auch mit Prophyrstücken, Geröllegruppe ohne Melaphyr.
Obere Abtheilung	Monzinger Schichten, feinkörnige, rothe Schieferthone mit Conglomeraten, Kreuznacher Sandstein; feinkörnige, rothe Sandsteine.

Im Krebsweiler Thale ist der untere Thonstein nur schwach vertreten, in grösserer Entwickelung erscheint er im Meckenbacher Thale, wo er durch Steinbrüche auf 15 m entblösst ist und die Schichten eine plattenförmige Absonderung zeigen. Das Gestein ist eine graulich weisse Porphyrbreccie, zuweilen mit kleinen Quarzgeröllen und Brocken von Devonschiefer. In einem Steinbruche bei Unter-Hochstädten ruht auf dem unteren Thonstein eine Decke von Melaphyr-Mandelstein und basaltischem Melaphyr. Im Krebsweiler Thale folgt auf die mächtige Decke von Mandelstein ein breiter Streifen von oberem Thonstein, welcher von hier in noch grösserer Breite nach Bärenbach hin fortsetzt. Er besteht aus einer bröckeligen, ziegelrothen Porphyrbreccie mit wenigen Brocken von Quarzit und devonischem Schiefer. Der obere Thonstein kommt im südlichen Muldenflügel bei Sienhopstädten wieder zum Vorschein. Beide Thonsteine sind westlich bei Sötern besonders gut entwickelt, daher der Name „untere Söterner Schichten" für diese Abtheilung und „obere Söterner Schichten" für die nächste Abtheilung, die W. von Sötern die breite und hohe Kuppe des Petersbergs zusammensetzt.

Die mittlere Abtheilung des Ober-Rothliegenden ist im Krebsweiler

---

1) Ueber das Ober-Rothliegende etc. S. 455 mit Taf. XII im Jahrbuch der Königlichen geologischen Landesanstalt von 1881.

Thale auch gut aufgeschlossen; zumal die tieferen Schichten derselben bilden ein sehr grobes Conglomerat von Melaphyr, Quarz und Quarzit, nicht selten auch Porphyr. An der Basis sind diese Gemengtheile oft in Kopfgrösse vorhanden; im Hangenden folgt dann gewöhnlich ein weniger grobes Conglomerat und weiter im Hangenden ein feinkörniger Sandstein, oder es treten auch mächtige, lose Gerölle auf. Diese Abtheilung erreicht eine Mächtigkeit von 80 m.

An der unteren Nahe in der Gegend von Monzingen verschwinden die groben Conglomerate; es treten die feinkörnigen, glimmerreichen, rothen sandigen Schieferthone der oberen Abtheilung auf, die häufig noch mit Bänken von weniger groben, melaphyrarmen Conglomeraten wechsellagern. Endlich erscheint bei Kreuznach ein mehr oder weniger feinkörniger Sandstein von rother und bunter Farbe, der für Buntsandstein angesehen werden könnte; indess findet man bei genauer Betrachtung, dass mit den Sandkörnern viele kleine Schieferstücke vorkommen und ausserdem weisse Kaolinpartikelchen, die aus Porphyr hervorgegangen zu sein scheinen.

Das Tertiär im Zusammenhang mit den Tertiärschichten des Mainzer Beckens ist an der unteren Nahe in der Kreuznacher Gegend viel verbreitet. Vieles, zumal W. von Kreuznach, das früher für Diluvium angesehen worden ist, scheint dem Tertiär anzugehören. Die Tertiärschichten bedecken bei Kreuznach zunächst einen Theil des Porphyrs, nördlich und westlich von Kreuznach das Ober- und Unter-Rothliegende; es kommt aber in diesen Richtungen viel Diluvium vor, so dass es seine Schwierigkeit haben wird, überall Tertiär und Diluvium sicher abzugrenzen. Einzelne Vorkommen, die sicherlich zum Tertiär gehören, gehen Naheaufwärts bis in die Gegend von Kirn, wo mächtige Ablagerungen von weissen, ganz abgerundeten Quarzgeröllen und von weissem Thon an mehreren Stellen auf den Plateaus erscheinen. Diese vereinzelten Partien werden vor der Bildung des Nahethales mit tertiären Schichten des Mainzer Beckens in Verbindung gewesen sein, so dass man annehmen kann, der Mainzer Tertiärsee habe sich bis Kirn hin ausgedehnt. Bei Kirn am Wege nach Dhaun lagern die weissen Quarzgerölle 150 m über dem Nahethal und sind daselbst in einer grossen Kiesgrube aufgeschlossen. Sie nehmen einen grossen Theil des Plateaus ein, auch südlich und westlich von Oberhausen, ja sie dehnen sich auch noch nach dem Hunsrück aus. Sie kommen auf der S.-W.-Seite des Lützelsoon, auf der Hochfläche von Bundenbach, Woppenrodt und zwischen Hausen und Rhaunen vor. Im Soonwalde finden sie sich zwischen den Quarzitrücken und erstrecken sich über das Plateau zwischen Stromberg und Weiler. Auch auf der N.-W.-Seite des Soonwalds kommen tertiäre Bildungen vor, und selbst die Hochfläche des Hunsrück zeigt solche, wie sich in neuester Zeit ergeben hat, in ansehnlicher Ausdehnung bei Oppenhausen und Herschwiesen. Die Tertiärschichten der Kreuznacher Gegend gehören dem mittleren und oberen Oligocän an. Es sind dort von Weinkauff (Beitrag zur Kenntniss der tertiären Bildungen in der hessischen Pfalz und den angrenzenden preussischen und bayerischen Bezirken) unterschieden worden: im Mittel-Oligocän Meeressand und Septarienthon, im Ober-Oligocän Cyrenenmergel.

Die Meeressande treten auf bei Kreuznach, Mandel, Waldbockelheim, Windesheim, Laubersheim und Langenlonsheim. Die darin vorkommenden Petrefakten sind wohl erhalten mit Schalen, auch oft als Steinkerne. Bei Kreuznach bildet Schwerspath das Versteinerungsmittel. Am meisten finden sich Petrefakten bei Weinsheim, Waldböckelheim und Kreuznach.

Der Septarienthon ist mehr oder weniger plastischer Letten von schwärzlicher, grauer, bläulicher und gelber Farbe mit Septarien, Thoneisensteinnieren, Gypsspath und Schwefelkies, kommt vor bei Kreuznach, Mandel, Winzenheim, Stromberg, Windesheim und Langenlonsheim. Die Septarienthone sind oft von grünem Meeressande bedeckt bei Mandel, Kreuznach, Winzenheim und Langenlonsheim. Cyrenenmergel mit oberem Meeressande kommen am schönsten aufgeschlossen im Bahneinschnitt bei Gaualgesheim vor. Die vielen in diesen Schichten vorkommenden Versteinerungen anzugeben, würde hier zu weit führen. Weinkauff gibt ein Verzeichniss derselben in seinem Aufsatze: Die tertiären Ablagerungen im Kreise Kreuznach (Verhandlungen des naturhistorischen Vereins für Rheinland-Westfalen. XVI. Jahrgang 1859. Seite 59).

Es mag hier noch erwähnt werden, dass an mehreren Stellen auf dem Hunsrück auch vulkanische Tuff- und Bimssteinablagerungen vorkommen; an einer Localität, $1/_2$ km S.-W. von Eveshausen, sind dieselben 1 m, an einer zweiten 1 bis 2 km, S.-O. von Frankweiler 2 m mächtig. Auch östlich von Buchholz und an der Strasse von da nach Brodenbach treten sie auf. Andere Fundpunkte sind auf der Alteburg und auf dem Kohlberg bei Boppard, am Deimbach bei Treis a/Mosel, bei Rhens und S.-W. von Coblenz noch an mehreren Stellen zwischen dem Rhein uud der unteren Mosel.

Das Diluvium ist besonders am Rhein, der Mosel und der Nahe verbreitet, aber auch die grösseren Bäche, namentlich die auf beiden Seiten der Nahe mündenden, zeigen diluviale Niederschläge.

Zu beiden Seiten der genannten Flüsse liegen dieselben auf höheren und niederen Terrassen und deuten das Bett der Flüsse von der älteren bis zur jüngeren Diluvialzeit an. An der oberen Mosel, in der Gegend von Trier und abwärts nach Berncastel hin, hat sich eine ganze Reihe ausgedehnter höherer und niederer Terrassen nachweisen lassen. Am Rhein scheinen die ältesten Diluvialterrassen ca. 200 m über dem Thale zu liegen; diese Höhenlage wurde wenigstens festgestellt bei einer Terrasse an der Strasse von Boppard nach Simmern.

Grosse Terrassen zeigen sich an der unteren Nahe, und es gewährt ein ganz besonderes Interesse, die 120 m über derselben, zumal vor ihrer Einmündung in den Rhein näher in's Auge zu fassen. Die Diluvialterrasse östlich vom Hassenkopf, welche eine Breite von 600 m einnimmt, findet ihre nördliche Fortsetzung östlich von Weiler und auf der Elisenhöhe, westlich vom Bahnhof Bingerbrück. Das Nahethal bildet eine tiefe, kaum 150 m breite Schlucht zwischen dem Hassenkopf und dem Rochusberg. Es ist sehr unwahrscheinlich, dass der kleine Nahefluss diese breite Terrasse östlich vom Hassenkopf hervorgerufen habe; vielmehr deutet dieselbe auf einen grösseren Flusslauf hin, und es ist mit grosser Wahrscheinlichkeit anzunehmen, dass der Rhein zur Zeit, als er noch in 120 m höherem Niveau verlief, seinen Lauf zwischen dem Hassenkopf und Rochusberg hatte. Die Nahe wird in jener Zeit bei Kreuznach in den Rhein eingemündet sein. Vielleicht schon damals mag in der Gegend von Geisenheim ein Arm des Rheins seinen Weg in westlicher Richtung nach Bingen hin zwischen dem Niederwald und dem Rochusberg gesucht haben, so das dieser als Insel zwischen beiden Rheinarmen hervortrat. Solche Flusstheilung zeigt sich auch bei der Mosel unterhalb Trier von Schweich an, und zwar war dieselbe noch vorhanden zur Zeit, als die Mosel in etwa 100 m höherem Niveau verlief, wie in der mehrerwähnten Abhandlung über das Ober-Rothliegende näher erörtert ist. Auch zwischen Salzig und Boppard muss früher ein Arm des Rheins von Salzig zunächst etwa $1^1/_2$ km in westlicher und dann in nördlicher Richtung zwischen dem Müllerberg und Eisenbolzberg verlaufen und letzterer als Insel erschienen sein. Zwischen dem Niederwald und Rochusberg entwickelte der Hauptlauf des Rheins sich erst später, das alte Rheinbett zwischen dem Hassenkopf und Rochusberg wurde vom südlichen Arm des Rheins verlassen, und die Nahe hat hier den frühren Rheinlauf benutzt und nach und nach die tiefe Schlucht zwischen beiden Höhen gebildet.

Die Terrassen zu beiden Seiten der grossen und kleinen Flüsse sind mit Geschieben und Sand bedeckt. Ausserdem tritt an den Gehängen und in den Schluchten zumal des Rheins fast bis zu den Plateaus eine Lehm- und Mergelbildung auf, die als Löss bezeichnet wird und eigenthümliche Kalkconcretionen einschliesst. Die Thalsohlen selbst sind mit Sand, Geschieben und Lehm erfüllt, und von neueren Bildungen kommen an den Gehängen vieler Berge, besonders an dem Fusse der Quarzitrücken, viele Schotteranhäufungen vor. Torf findet sich ziemlich ausgedehnt westlich von Heinzenbach bei Simmern.

B. Eruptivgesteine.

Von Eruptivgesteinen treten, wie Eingangs bereits erwähnt, auf: körniger Diabas, Glimmerporphyr (Kersantit), Porphyr, Porphyrit, Melaphyr und Basalt.

Der Diabas war früher nur an wenigen Stellen bekannt, die von

Dechen'sche geologische Karte (Sektion Simmern und Kreuznach) giebt nur sechs Punkte an: Boppard, Lieg, Hüttenkopf bei Stromberg, Schweppenhausen, Kellenbach und Weitersborn, die Lossen'sche geognostische Karte des linksrheinischen Taunus einige weitere Punkte in der Stromberger Gegend. Seitdem die geologischen Specialuntersuchungen begonnen, sind allein in der Nähe von Hahnenbach, Oberhausen und Griebelschied an zwanzig Diabasvorkommen nachgewiesen worden. Zwischen dem Hahnenbach- und Kellenbachthale kamen noch einige Punkte hinzu.

Die Diabase dieser Thäler bilden einen Zug, der von S.-W. nach N.-O. fortsetzt in gleichem Streichen, wie die älteren Schiefer, in die sie eingelagert sind. Der am meisten in diesem Zuge gegen S.-W. gelegene Punkt ist dicht bei Buhlenberg in der Nähe von Birkenfeld, woselbst der Diabas nahe an der Grenze des Unterdevons gegen das Unter-Rothliegende hervortritt; von da verläuft er über Gollenberg durch das Hambachthal über Wilzenberg, Hettenrodt nach Herrstein, Griebelschied, Hahnenbach bis in's Kellenbachthal. Zwischen hier und Hergenfeld-Schweppenhausen ist bis jetzt ein weiteres Diabasvorkommen noch nicht bekannt geworden. Auch die beiden im Reviere Coblenz II sonst bekannten Diabaspunkte von Lieg und Boppard liegen in der Streichungslinie von S.-W. nach N.-O.

Die Diabase des Wilzenberg-Hahnenbacher Zuges stimmen in ihrer petrographischen Beschaffenheit ziemlich überein mit denen von Saarburg, welche nach den mikroskopischen Untersuchungen von Zirkel, Rosenbusch und v. Lasaulx lichtgrünlichen Plagioklas, schwarzen Augit, Titaneisen, Magnetit und etwas Apatit enthalten (siehe Erläuterungen zu Blatt Freudenburg). Die Diabase sind häufig an der Oberfläche so sehr von der Verwitterung ergriffen, dass die ursprüngliche Beschaffenheit des Gesteins nicht erkannt werden kann.

Glimmerporphyr (Kersantit) kommt nach C. Lossen bei Stromberg vor und besteht aus triklinem Feldspath mit schwarzem und weissem Glimmer, Quarz findet sich darin häufig in Adern ausgeschieden.

Porphyr von dichter Beschaffenheit und graulich-weisser Farbe erscheint im Unter-Devon(Hunsrück)schiefer eingelagert in einer Bank von $^1/_2$ m Mächtigkeit bei Rhaunen (am Wartenberge), weiter gegen N.-O. wieder im Schiefer bei Hausen und an zwei Stellen bei Gehlweiler. Auch am Gründelbach bei St. Goar soll Porphyr vorkommen. In sehr grossen Partien tritt der Quarzporphyr zwischen Kreuznach und Münster a/Stein auf; er erstreckt sich von Kreuznach am Fischbach aufwärts bis Rüddesheim, an der Nahe bis Traissen und reicht südlich an der Alsenz bis Altenbambach und dehnt sich auch noch weit bis in's Hessische aus. Er besteht aus Quarz und Orthoklas, ausserdem kommt darin Oligoklas, Glimmer und selten Granat vor.

Die Porphyrite, Oligoklas-Hornblendegesteine mit Magneteisen, Titaneisen und Glimmer, kommen bei Norheim am Welschberg, Böckelheim und Bockenau vor.

Der Melaphyr tritt im Nahegebiete in grosser Verbreitung auf. Er bildet Lager, Gänge und stockartige Massen im Unter-Rothliegenden. Concordante Lager davon kommen in den Ober-Cuseler und Unter-Lebacher Schichten bei Kirn, Martinstein etc. vor, am interessantesten aufgeschlossen in dem Krebsweiler Thale. Hier sind in den Unter-Lebacher Schichten zwei Lager vorhanden, von denen das liegende 250 m und das hangende 150 m mächtig, dazwischen ein Mittel schwarzer, dünnblättriger Schieferthone in der Mächtigkeit von 180 m. Weiter im Hangenden wechseln noch einige ganz schmale Melaphyrlager mit Streifen von Schieferthon, der an der Contactstelle etwas verändert erscheint; sie zeigen ein gleiches Einfallen, wie die Schiefer mit 60° gegen S. Die beiden Hauptlager können vom rechten Naheufer oberhalb Kirn-Sulzbach bis in's Meckenbacher Thal verfolgt werden.

Diese Melaphyre sind gabbroartig, krystallinisch grobkörnig und sehr dunkel gefärbt; sie bestehen wesentlich aus Plagioklas, Augit und Olivin und führen häufig Magnetit. Bei Kirn bestehen die Hauptkuppen des Gaukopfs, Kleb, Hellbergs und Ochsenkopfs aus einem basaltartigen, meist sehr feinkörnigen und dichten Melaphyr, so dass sich die einzelnen Bestandtheile mit der Lupe nicht erkennen lassen; sie sind schwarz und grünlich-schwarz gefärbt, zeigen oft grosse Drusen, die mit Bergkrystall und Kalkspath erfüllt sind. Diese dichten Melaphyre werden vielfach zu Pflastersteinen verwandt.

Eine mächtige Decke bildet der sog. Grenzmelaphyr, welcher meist aus basaltartigem und Melaphyr-Mandelstein besteht, zwischen dem unteren und oberen Thonstein des Ober-Rothliegenden; derselbe schliesst viele Mandeln ein, die gewöhnlich aus Quarz und Kalkspath bestehen. Dieser Grenzmelaphyr, der nach neueren Untersuchungen einen Olivin-Melaphyr darstellt, mehr oder weniger Bronzit (Bastit) führend mit annähernd porphyritischer Structur, dehnt sich auf dem Berschweiler Plateau, W. von Kirn nach Oberstein hin weit aus und S. von Kirn vom Naumburger Hofe bis in's Meckenbacher Thal und am Südrande der Mulde fast auf der Grenze zwischen Unter- und Ober-Rothliegendem von Baumholder her über Sienhopstädten nach Sobernheim.

Von jüngerem Eruptivgestein kommt Basalt vor. Schon seit lange bekannte Basaltpunkte sind bei Beulich, Niederburg, Steeg und Alken. Ein Fund aus neuer Zeit ist der im Distrikt Hochwald, Gemeinde Ediger, wo der Basalt auf der rechten Seite der Mosel, 150 m über derselben, in einer Felspartie hervorragt. Dann wurden im vorigen Sommer zwei Basaltpunkte 1 km N.-O. von Bullay entdeckt; 130 m über der Mosel treten hier zwei Basaltgänge von $^1/_3$ bis $^1/_2$ m Stärke auf.

IV. Uebersicht über die nutzbaren Gebirgsarten, Mineralien und Mineralquellen.

Lagerungs- und Betriebsverhältnisse auf den wichtigeren Werken.

1. Der Dachschiefer.

Die Dachschieferlager des Reviers bilden integrirende Theile des Unterdevongebirges (Hunsrückschiefer und Coblenzschichten), indem der Thonschiefer sich an vielen Stellen zu Dachschiefer veredelt und bauwürdige Dachschiefermittel einschliesst.

Zur Erläuterung der Lagerungsverhältnisse des Dachschiefers ist zu berücksichtigen, dass der Thonschiefer und Grauwackenschiefer im Unterdevongebirge in der Regel ausser den Schichtungsklüften noch Schieferungsklüfte enthält, also von zwei Systemen der Klüftung — Schichtung und Transversalschieferung — durchsetzt wird. Der Gebirgsbau und insbesondere das Verhältniss zwischen der Schichtung und Transversalschieferung lässt sich an zahlreichen Gebirgsprofilen, auf den Felswänden und felsigen Bergabhängen, welche auf beiden Ufern des Rheins im Rheinthale zwischen Coblenz und Bingen anstehen, hinlänglich erkennen. Diese Felswände zeigen mehr oder weniger steile Klüftung mit vorherrschend südöstlichem Einfallen, wo das System der Schieferung vorherrscht, während die Schichtenlagerung sich durch den wellenförmigen, faltigen oder zickzackförmigen Verlauf der Schichtungsklüfte, Schichtungsfugen oder Schichtungsstreifen kennzeichnet. Beide Kluftsysteme interferiren, indem sie entweder gleich stark entwickelt sind oder das eine von beiden vor dem anderen vorherrscht. In manchen geschieferten Thonschieferkomplexen ist die Schichtung schwer zu erkennen, wo nämlich die Schichtungsfugen geschlossen sind und ihr Vorhandensein nur durch feine Streifungen auf den Gebirgswänden angedeutet wird.

Während also die Transversalschieferung mit auffallender Regelmässigkeit mehr oder weniger steil im Südosten einfällt, durchschneidet sie die bald nach Südosten, bald nach Nordwesten einfallenden Gebirgsschichten. Beide Kluftsysteme nähern sich um so mehr, je steiler die Schichtung aufgerichtet ist, wesshalb auf steilen Mulden- bezw. Sattelflügeln Schieferung und Schichtung sich entweder in spitzen Winkeln schneiden oder coincidiren. Da der Dachschiefer Modifikationen des schieferbaren, feinen und homogenen Thonschiefers bildet, so erklärt sich das durchschnittlich steile und unabhängig von der Schichtung ziemlich konstante südöstliche Einfallen der Dachschieferlager. Das letztere beträgt selten unter 45° und geht bis 80°. Die Spaltungsflächen des Dachschiefers, d. h. die Schieferung sind somit in den meisten

Fällen von der Schichtung des Gebirges verschieden, der Art, dass die Schieferung in der Regel steiler als die Schichtung erscheint.

Schieferung und Schichtung scheinen im Streichen wenig oder gar nicht zu differiren, indem wenige Beispiele einer erheblichen Abweichung der Streichungsrichtung der beiden Kluftsysteme bekannt geworden sind. Das Streichen der Dachschieferlager fällt im Allgemeinen mit dem Gebirgsstreichen in St. 3 bis 5 zusammen.

Die Mächtigkeit der bauwürdigen Lager, auch „Richte" genannt, schwankt zwischen einigen und etwa 50 m.

Wenn die Lager aus Bänken bestehen, welche mit tauben Zwischenschichten wechsellagern, und der Bau dieser Bänke theils gemeinschaftlich, theils einzeln erfolgt, so bleibt es oftmals zweifelhaft, ob die einen Schichtenkomplex bildenden Dachschiefer als ein einziges Lager oder als eine Gruppe von derartigen Lagern zu betrachten sind.

Die neben oder hinter einander in bestimmten Schichtenkomplexen auftretenden Dachschieferlager des Reviers lassen sich zu Lagerzügen gruppiren, von denen einige auch auf der rechten Rheinseite in den Regierungsbezirk Wiesbaden hinein fortsetzen. Verfolgt man diese Lagerzüge in ihrem Verlaufe, von dem Soonwald und der Südwestgrenze des Reviers ausgehend, nach dem Rhein zu, so bieten dieselben das folgende allgemeine Bild dar:

1. Die Lager von Bruschied am Nordwestabhange des Lützelsoon bilden die nordöstliche Fortsetzung der auf der rechten Seite des Hahnenbachs im Fürstenthum Birkenfeld bekannten Dachschiefer und bestehen aus 4 Richten von 6 bis 8 m Mächtigkeit, welche auf den Gruben Hipplauer Bruch, Kellersberg, Staudsbruch I und II und Wagnersbruch gebaut werden.

In nordöstlicher Richtung hiervon bei Gemünden, Mengerschied und Tiefenbach und zwar am Nordwestrande des Soonwald setzen ergiebige Dachschieferlager auf, welche Veranlassung zur Anlage von 16 Gruben gegeben haben.

In der weiteren nordöstlichen Fortsetzung dieses Lagerzuges dürfte das Lager der verlassenen Grube bei Rheinböllen liegen. Dasselbe setzt weiter nordöstlich unterhalb Bacharach durch den Rhein, indem die berühmten Dachschieferbrüche bei Caub unzweifelhaft auf der rechtsrheinischen Fortsetzung desselben bauen.

Die streichende Länge zwischen Bruschied am Hahnenbach und Bacharach beträgt 37 km. Bei Steeg, Bacharach und Rheindiebach auf der linken Rheinseite bilden die Lager des Zuges den Gegenstand von Bergbau. Die bei Perscheid, Dellhofen, Damscheid und Oberwesel betriebenen Gruben bauen auf einem Lagerzuge, welcher nordwestlich des ersteren streicht, dessen weiterer Verlauf vom Rhein gegen Südwesten aber unbekannt ist. Die Grube Kronprinz bei Dellhofen baut auf zwei Lagern mit einem Zwischenmittel von 7 m Mächtigkeit. Die Mächtigkeit des hangenden Lagers beträgt über 50 m, diejenige des liegenden Lagers ca. 25 m.

2. Ein zweiter Hauptlagerzug beginnt an der Südwestgrenze des Reviers und zwar im Kautenbachthale zwischen Beuren uud Trarbach. Derselbe ist zwischen Irmenach und Lützbeuren einerseits und Starkenburg a. d. Mosel andererseits durch zahlreiche Richte und einen lebhaften Bergbau bekannt und erscheint in seiner nordöstlichen Fortsetzung wieder zwischen Altlay, Würrich, Rödelhausen und Peterswald, wo ebenfalls seit alter Zeit Dachschieferbergbau an zahlreichen Punkten stattfindet. Die Gruben Hoffnungsberg, Altendrom und Koppenberg zwischen Lützbeuren und Starkenburg bauen schon seit Jahrhunderten auf Lagern von ca. 20 m Mächtigkeit über den Stollensohlen. Bemerkenswerth ist hier auch die Grube Gondenau am Aringsbache, welche auf einem Lager von ca. 10 m Mächtigkeit baut und Dachschiefer der besten Qualität liefert.

3. Bei Mittelstrimmig auf der rechten Seite des Flaumbachs treten drei Dachschieferlager von geringer Qualität auf, auf welchen 4 Gruben bauen. In nordöstlicher, Richtung hiervon streichen bei Dorweiler mehrere Lager durch das Baybachthal, wo ebenfalls ein kleiner Bergbau stattfindet und die Qualität der Schiefer wenig werthvoll zu sein scheint.

Die alten verlassenen Schieferbrüche im Bopparder Walde an der Strasse Boppard-Udenhausen enthalten Lager, welche ziemlich in der Verlängerung der Streifungslinie der Gebirgsschichten von Dorweiler nach dem Rhein zu liegen.

Es beträgt die streichende Entfernung zwischen Irmenach und Boppard 43 km und die Länge der Querlinie zwischen Zell a. d. Mosel und Bruschied am Hahnenbach 25,5 km.

4. Der nördlichste Lagerzug lässt sich in der Nähe des Moselthales von dem Gute Engelport im Flaumbachthale aus über Lütz im Lützbachthale bis in die Gegend von Macken verfolgen. An den genannten Punkten bestehen kleine Dachschieferbrüche, welche über das Dachschiefervorkommen einige Aufschlüsse gegeben haben.

5. Auf der Südseite des Soonwald streichen verschiedene Dachschieferlager durch, welche in früheren Zeiten Gegenstand des Betriebes waren, aber wegen geringer Mächtigkeit und Qualität des Schiefers nach und nach auflässig geworden sind. Derartige alte Schiefergruben liegen bei Hennweiler am Ostgehänge des Hahnenbachs, im Simmerbachthale bei Kellenbach und Königsau, in der Nähe der Gräfenbacher Hütte und im Guldenbachthale oberhalb Stromberg.

Das Aushalten der Dachschieferlager im Streichen und nach der Tiefe zu kennt man im Wesentlichen durch den Bergbau, welcher dieselben an vielen Punkten des Reviers aufgeschlossen hat. So zahlreich diese Aufschlüsse aber auch sind, so bestehen sie doch mehr oder weniger in beschränkten Grubenbauen — in der Regel in kurzen Stollenbauen — an den Gehängen der Thäler, wesshalb das Bild der Lagerungsverhältnisse im Allgemeinen noch vielfach unklar und lückenhaft erscheint.

Nach den seitherigen Aufschlüssen bilden die Dachschieferlager bezw. Bänke kurze Mittel in bestimmten Schichtenkomplexen der Unterdevonformation. Bauwürdige Richte bis zu 100 m streichender Länge gehören dagegen zu den Seltenheiten. Die Lager werden häufig ebenso, wie das Schiefergebirge überhaupt von durchsetzenden Gängen und Klüften abgeschnitten oder verworfen, von Quarzadern durchzogen, welche die benachbarten Schieferpartien unbrauchbar machen, oder in einer Weise zerklüftet, dass der Schiefer keine hinlänglich grossen Tafeln mehr liefert. Ueber das Verhalten der Lager in grösseren Teufen fehlt es an Aufschlüssen. Dieser Mangel an Continuität, durch welchen sich die Lagerung des Dachschiefers von der regelmässigen Flötzlagerung unterscheidet, gehört mit zu den Ursachen, welche auf die Entwickelung des Dachschieferbergbaues auch da hemmend eingewirkt haben, wo die weiter unten erwähnten Grundbesitzverhältnisse für denselben nicht ungünstig liegen.

Die Bauwürdigkeit der Dachschieferlager ist theils durch ihre Mächtigkeit, theils durch die Qualität des Schiefers bedingt. Die bauwürdige Mächtigkeit beginnt in der Regel mit 3 m; die Qualität der Lager bestimmt sich wesentlich dadurch, dass sie beim Abbau möglichst grosse Platten (Wände) liefern, welche sich in brauchbare Schiefertafeln (Leyen) zerspalten lassen. Bezüglich der Eigenschaften eines brauchbaren und preiswürdigen Dachschiefers wird im Uebrigen, um Wiederholungen zu vermeiden, auf die Beschreibung des Bergreviers Weilburg vom Bergrath Wenckenbach, Bonn 1879, S. 119 und 120 verwiesen.

Die bauwürdigen Dachschiefermittel wechseln mit unedlen Gebirgspartieen ab. Oft ist der Schiefer, wie schon erwähnt, durch die Einwirkung von Lettenklüften oder durch Quarztrümmer so zerklüftet, dass er keine brauchbaren Platten liefert. Besonders nachtheilig sind die den Schiefer durchsetzenden Quarztrümmer, sowie Einschlüsse von Steinkernen, Schwefelkies und dergl. Die Schieferplatten müssen sich in glatte und zur Bedachung brauchbare Tafeln von 0,025 bis 0,148 qm Flächeninhalt und 4 bis 7 mm Dicke spalten lassen.

Bekanntlich verlieren die Leyen an Spaltbarkeit und Qualität durch den Einfluss der Atmosphärilien, wesshalb es beim Dachschieferbergbau darauf ankommt, die geförderten Wände sobald als möglich auf der Halde weiter zu verarbeiten.

Die Gewinnung des Dachschiefers geschieht gegenwärtig nur unterirdisch; die früheren Tagebrüche sind nach nnd nach ausser Betrieb gekommen.

Zur Ausrichtung der Dachschieferlager dienen in der Regel kurze Stollen oder Tagestrecken, wozu die Gehänge der Nebenthäler und Schluchten des Hunsrücken und Soonwald passende Ansitzpunkte darbieten.

Die einzige wirkliche Tiefbaugrube des Reviers ist die Grube Kronprinz bei Dellhofen (Ober-Wesel), wo die Lagerstätte durch einen seigeren Förder-

und Wasserhaltungsschacht bis zu 31,5 m Teufe unter der Oberfläche aufgeschlossen ist.

Die ältere Abbaumethode, der sogenannte Dreiecksbau, findet seit Jahren keine Anwendung mehr; statt dessen baut man die Lager durch Vierecksbau oder Querbau ab. Dieser Abbau kann auf Regelmässigkeit und Systematik keinen Anspruch machen, theils wegen der geognostischen Beschaffenheit der Lagerstätten, theils wegen der Abhängigkeit des Betriebes von den Grundbesitzverhältnissen.

Der Abbau geschieht sohlenweise (etagenweise), beginnt in der Regel in der Sohle des Ausrichtungsstollens und zwar von Vorrichtungsstrecken (Förderstrecken) aus, welche von dem Stollen aus streichend in oder neben dem Lager getrieben werden. Dem Abbau des Schiefers in der Stollensohle (Wandarbeiten), welcher selten über 4 m Höhe erreicht, folgt der Strossenbau (Bodenarbeiten) und der Firstenbau (Gewölbearbeiten) nach.

Die Tiefe der Strossenbaue unter der Stollensohle richtet sich hauptsächlich nach den etwa zufliessenden Wassern, deren Hebung durch Handpumpen oder andere Mittel nur bei mässigen Teufen und geringen Quantitäten ohne unverhältnissmässige Kosten zulässig ist. Derartige Bodenarbeiten erhalten in der Regel nicht über 3 m Strossenhöhe, während ihre sonstigen Dimensionen durch die Beschaffenheit der Richte bedingt werden.

Die Bodenarbeiten liefern in der Regel die besten Schiefer unter vortheilhaften Betriebsverhältnissen, weil der dort von Feuchtigkeit durchdrungene Schiefer sich leicht und möglichst dünn spalten lässt. Bei dem Abbau der mächtigeren Richte, wie z. B. in der Grube Koppenberg und Hoffnungsberg bei Irmenach, bleiben in gewissen Abständen Sicherheitspfeiler von zweckentsprechender Stärke in den Abbauräumen stehen. Es sind dies in den meisten Fällen Quarzpfeiler zwischen dem Hangenden und Liegenden der Lagerstätte oder in der letzteren stehen gelassene Strebepfeiler, deren Bildung sich da naturgemäss ergiebt, wo die Lagerstätte durch unbauwürdige Schiefermittel oder durch Gebirgsstörungen unterbrochen wird. Die Höhe der Firstenbaue ist im Allgemeinen durch die Verhältnisse der Richte bedingt. Man beschränkt indessen die Höhe dieser Baue in der Regel auf 2 bis 3 Firsten über einander schon desshalb, weil sonst zu grosse Schiefermassen der Austrocknung ausgesetzt und an Qualität verlieren würden.

Die eigentliche Gewinnung des Dachschiefers erfolgt auch heute noch auf den kleineren Gruben in der Regel durch Schroten (Schrämen) und Keilen, eine Methode, welche in neuerer Zeit beim Dachschieferbergbau auf der rechten Rheinseite in vielen Fällen, wo mächtige Lager aufsetzen und eine Erhöhung der Produktion mit billigen Selbstkosten beabsichtigt ist, durch die Schiessarbeit verdrängt wird. Auch im Reviere Coblenz II hat die Schiessarbeit auf der einen und anderen grösseren Grube Eingang gefunden; beispielsweise beschränkt sich auf der Grube Kronprinz bei Dellhofen das

Schroten auf den Angriff der Dachschieferlager in den Wandarbeiten, während der weitere Abbau gewöhnlich mit Sprengarbeit betrieben wird.

Die Fördereinrichtungen bestehen auf manchen Gruben, z. B. bei Gemünden, in Schienenbahnen; meistentheils fördert man aber die Berge mittelst Schiebkarren, während die Schieferwände auf dem Rücken der Arbeiter von dem Gewinnungspunkte bis in die Spalthütte getragen werden.

Die Dachschiefergruben des Reviers liefern fast ausschliesslich eigentlichen Dachschiefer; es werden indessen auf einzelnen Gruben auch Schiefer zu anderen Zwecken, z. B. zu Fussbodenplatten, Treppenstufen, Mauerdeckplatten, Tischplatten, Billardplatten und dergl. bearbeitet.

Aus den auf die Halde geförderten Schieferwänden werden in der Spalthütte oder im Freien mit den üblichen Spalteisen und hölzernem Hammer die Dachschiefertafeln gespalten, handelsfertig gemacht und nach Grösse und sonstigen Qualitäten auf der Halde senkrecht und so dicht an einander aufgestellt, dass ihre Flächen sich berühren.

Der Schiefer wird gegenwärtig nach laufenden Metern, rechtwinklig zu den Tafeln gemessen, verkauft, während bis zum Jahre 1870 das Reis = 8 Fuss die Masseinheit beim Verkaufe bildete. Durchschnittlich rechnet man auf das laufende Meter 150 Stück und auf die Schiefertafel 4 bis 7 mm Stärke.

Das Behauen der Schiefertafeln geschieht theils mit dem Spalteisen, theils mit der Scheere. Das letztere Verfahren (das Beschneiden des Schiefers nach einer Schablone) findet in Folge der Konkurrenz mit in- und ausländischen Schiefern auf den grösseren Gruben in der neueren Zeit, den Anforderungen der Käufer entsprechend, Anwendung, während die für den kleineren Absatz der Umgegend bestimmten Schiefer nach wie vor in den beim Spalten fallenden Zustande abgesetzt und erst später durch die Schieferdecker dem Bedürfnisse entsprechend formatisirt werden.

Die Zahl der betriebenen Gruben belief sich im Laufe der letzten 25 Jahre auf 37 bis 58 mit einer Gesammtbelegschaft von 163 bis 360 Arbeitern. Die stärkste Belegschaft bestand im Jahre 1857, die schwächste im Jahre 1867.

Im Jahre 1857 wurden 30112 m Dachschiefer und 122 qm Platten gefördert, gegen eine Förderung von 17776 m Dachschiefer und 528 qm Platten im Jahre 1867. Hierbei ist indessen zu berücksichtigen, dass im Jahre 1857 noch ein grosser Theil des Kreises Bernkastel mit etwa 20 Schieferbrüchen zu dem Reviere gehörte (vergl. Abschnitt I). Im Jahre 1875 standen im Reviere 49 Schieferbrüche mit 245 Arbeitern im Betrieb, welche 32496 m Dachschiefer und 672 qm Platten producirten. Im Jahre 1883 lieferten die in Betrieb stehenden 36 Brüche mit einer Gesammtbelegschaft von 220 Mann 40585 m Dachschiefer und 275 qm Platten mit einem Geldwerthe von 110 388 M. Hieran waren hauptsächlich betheiligt die Schiefergruben Kuhnenbruch (Gemünden) mit einer Produktion von 9075 m, Kronprinz (Dellhofen) mit 7500 m, Himmel (Lütz) mit 3218 m, Kaiserbruch (Gemünden) mit 2770 m,

Segensberg (Altlay) mit 1480 m, Gondenau (Traben) mit 1385 m und Wolf (Lütz) mit 1308 m. Der Schiefer der Grube Kronprinz ist von besonders guter Qualität und erfreut sich eines günstigen Eisenbahnabsatzes von Oberwesel aus.

Der Dachschiefer bildet auf der linken Rheinseite einen Bestandtheil des Grundeigenthums und unterliegt dem Verfügungsrechte des Grundeigenthümers; seine Gewinnung steht aber unter der polizeilichen Aufsicht der Bergbehörde. Bis zum Erlass des Allgemeinen Berggesetzes vom 24. Juni 1865 regelte sich diese staatliche Beaufsichtigung nach dem französischen Berggesetze vom 21. April 1810, dem Gesetze vom 18. November 1810, betreffend die Organisation des Bergwerkscorps, sowie dem Bergpolizeidekrete vom 3. Januar 1813. Nach Art. 81 und 82 des Gesetzes vom 21. April 1810 unterlagen die mittelst Tagebaues betriebenen Steinbrüche der Aufsicht der gewöhnlichen Polizeibehörde, dagegen die unterirdischen Brüche derjenigen der Bergbehörde. Zahlreiche Unglücksfälle und Unregelmässigkeiten bei dem Dachschieferbergbau veranlassten sodann das Oberbergamt zu Bonn zum Erlass des Bergpolizeireglements für die Dachschieferbrüche auf der linken Rheinseite vom 16. September 1824 und des Ergänzungsreglements vom 7. Oktober 1856. Nach §. 214 des Allgemeinen Bergesetzes vom 24. Juni 1865 sind sämmtliche Dachschieferbrüche dieser Landestheile der polizeilichen Beaufsichtigung der Bergbehörde unterstellt bezw. unter derselben verblieben. Auf Grund der §§. 214, 196 und 197 dieses Gesetzes hat das Oberbergamt unter dem 3. Juni 1871, unter Aufhebung der früheren bezüglichen Verordnungen, eine neue Bergpolizeiverordnung für die linksrheinischen Dachschiefer-, Trass- und unterirdisch betriebenen Mühlsteinbrüche erlassen, welche noch jetzt massgebend ist. Vergl. dieselbe im Amtsblatt der Kgl. Regierung zu Coblenz von 1871 Nr. 29 und in der Zeitschrift für Bergrecht Band XII Seite 147 ff.

Die Zersplitterung des Grundeigenthums, mit welchem der Dachschieferbergbau zusammenhängt, bildet die Hauptursache, dass dieser Produktionszweig noch nicht die Entwickelung erlangt hat, deren er an sich fähig ist. Hauptsächlich findet der Betrieb unter Gemeindeeigenthum statt, und zwar auf Grund von Pachtverträgen, welche für eine bestimmte Anzahl von Jahren (3, 6, 9 etc. Jahre) abgeschlossen zu werden pflegen.

In Bezug auf die Absatzverhältnisse des Dachschiefers bieten nur die grösseren Absatzwege auf der Mosel, der Rhein-Nahebahn und der rheinischen Bahn besonderes Interesse dar. Der Transport auf der Mosel ist namentlich für die in den Nebenthälern auf der rechten Moselseite und zwar in den Kreisen Zell und Cochem und weiter unterhalb belegenen Dachschiefergruben günstig, indem letzte durch nicht allzu lange Landfuhrwege mit verschiedenen Ladeplätzen an der Mosel in Verbindung stehen. Die untere Mosel bildet daher einen alten Absatzweg für den Dachschiefer in den westlichen Theilen des Reviers in der Richtung nach Coblenz und über Coblenz hinaus zur weiteren Verfrachtung auf dem Rhein.

Im Jahre 1883 betrug die Dachschieferförderung im Kreise Zell 9595 m und im Kreise Cochem und auf den weiter unterhalb gelegenen Moselgruben 5626 m, welche zum grösseren Theile auf der Mosel verschifft worden sind.

Die Gruben des eigentlichen Hunsrücken (Kreis Simmern), wo der Schwerpunkt des Betriebes bei Gemünden und Mengerschied liegt, produzirten im Jahre 1883 17244 m. Ein grosser Theil dieser Produktion wurde nach den Stationen Kirn und Martinstein der Rhein-Nahebahn und auf letzterer einerseits nach Saarbrücken und andererseits nach Bingen zu transportirt.

2. Die Blei-, Zink- und Kupfererze in der Devonformation.

Unter den Erzgängen des Reviers spielen die sogen. Lagergänge die Hauptrolle, während die Quergänge weniger zahlreich auftreten. Die Lagergänge charakterisiren sich bekanntlich dadurch, dass sie den Gebirgsschichten ziemlich concordant eingelagert sind und dieselben im Streichen und Fallen entweder gar nicht oder nur in sehr spitzen Winkeln durchschneiden. Eine Eigenthümlichkeit der Lagergänge sind die häufigen Bankbildungen, d. h. Abweichungen der Gangspalte von ihrer ursprünglichen Einfallrichtung. Der Gang zieht sich mit sehr flachem, rechtsinnigem, zuweilen auch widersinnigem Einfallen in's Hangende, seltener in's Liegende hinein, um dann wieder in die Teufe fortzusetzen. Die Bankbildungen, mit welchen in der Regel Verdrückungen des Ganges verbunden sind, lassen sich als kurze, sattelartige, flach diagonal einschiebende Faltungen der Gangspalte kennzeichnen, welche auch in den Schichten des Nebengesteins in der Nähe des Ganges zu beobachten sind.

Die gangartige Natur der in Rede stehenden Lagerstätten zeigt sich auch darin, dass sie kleinere und grössere Stücke des Nebengesteins einschliessen, sich in Trümmer zerschlagen und Quarzschnüre (Apophysen) in das Nebengestein entsenden.

Die bekannteren Gangmineralien sind: silberhaltiger Bleiglanz, Blende, Kupferkies, Eisenkies, Schwerspath, Apatit, Kalkspath und Bitterspath. Spatheisenstein gehört hier zu den Seltenheiten, während er auf den benachbarten rechtsrheinischen Gängen bei Ems, Holzappel etc. zu den gewöhnlichen Gangmineralien gehört. In den oberen Gangteufen haben sich auch Weissbleierze, Grün- und Braunbleierze, Zinkspath, Zinkvitriol, Malachit, Kupferlasur und Oker als sekundäre Bildungen der vorgenannten Erze gefunden.

Der Bleiglanz enthält durchschnittlich 70% Blei und in den reichsten Arten in 100 kg 60 bis 80 gr Silber. Fahlerze fanden sich bis jetzt selten und zwar nur in der Grube Gute Hoffnung bei Werlau, wo dieselben bis zu 17% Silber enthielten.

Unter den genannten Erzen haben bis jetzt nur Bleiglanz, Blende und Kupferkies in bergbaulicher Beziehung Bedeutung erlangt.

Unter den Gangarten spielen der Quarz und das Nebengestein die Hauptrolle; letzteres tritt entweder in kleinen Partieen (Bruchstücken, Blöcken und dergl.) oder in grösseren Bergmitteln und mit Quarz vergesellschaftet als Gangausfüllungsmasse auf.

Es lassen sich diejenigen ausgedehnteren Lagergänge des Reviers zu Gangzügen verbinden und gruppiren, welche bestimmten Schichtenkomplexen des Devongebirges angehören, eine genetische Zusammengehörigkeit besitzen, in ihren Steichungslinien correspondiren bezw. Parallelismus zeigen und soweit aufgeschlossen sind, dass ihre Zusammengehörigkeit auch dort wahrscheinlich bleibt, wo unbekannte Gebirgsmittel dazwischen auftreten und der Zusammenhang der Lagerstätten unterbrochen erscheint.

Die wichtigsten dieser Gangzüge setzen gegen Nordosten auf die rechte Rheinseite fort und bilden dort schon seit alten Zeiten den Gegenstand des bekannten Nassauischen Blei- und Silberbergbaues. Die interessanteren Erzgänge des Reviers sind in dem Nachfolgenden gruppenweise und kurz geschildert, und zwar von dem Soonwald an gegen Nordwesten zu in der Weise, dass die Gänge, welche ungefähr in einer gemeinschaftlichen Streichungslinie aufsetzen, in dieser letzteren, also dem Hauptstreichen des Gebirges entsprechend, auf einander folgen. Aus dieser Gruppirung darf jedoch nicht gefolgert werden, dass die Gruppen eines jeden Ganges einen Gangzug nach der obigen Definition bilden, indem dieselben wegen ihrer lagerartigen Configuration mit wenigen Ausnahmen in St. 3 bis 5 streichen und daher einen Parallelismus zeigen, woran sich zahlreiche Projektionen auf der Karte knüpfen lassen.

Die Projektionen der Gänge in dem westlichen Theile des Reviers gegen Nordosten im Gebirgsstreichen treffen an manchen Stellen in der Nähe des Rheinthales wieder auf Gänge derselben Formation. Es würde zu übertriebenen Vorstellungen von den Gangverhältnissen des Reviers führen, wenn man in derartigen Fällen ohne Weiteres ausgedehnte Gangzüge zwischen dem Gebiete der Nahe und der Mosel einerseits und dem Rhein andererseits annehmen wollte.

Linie Schmitburg, Schneppenbach, Gemünden, Panzweiler, Mengerschied, Nunkirch. Man kennt an den drei zuerst genannten Orten durch den Bergbau Quarzgänge bezw. Gangtrümmer mit Bleiglanz, Blende und Kupferkies und in nordöstlicher Fortsetzung der Streichungslinie Spuren von Gängen.

Linie Damscheid St. Goar. Auf dieser Linie kennt man zwei Gänge, von denen der eine westlich von Niederburg in dem Grubenfelde Niederburg und der andere hinter dem Schlosse Rheinfels, nördlich von St. Goar aufsetzt. Das Gangvorkommen bei St. Goarshausen auf der rechten Rheinseite scheint die nordöstliche Fortsetzung des letzteren Ganges zu bilden. Bei Birkheim und Badenhard in dem oberen Thale des bei Oberwesel in den

Rhein mündenden Niederbaches findet sich ein Gang mit schönen Blei-, Kupfer- und Zinkerzen in zwei Gangtrümmern von 30 bis 60 cm Mächtigkeit. Auf diesen Gang ist das verlassene Bergwerk Repräsentant verliehen.

Zwischen St. Goar und Hirzenach folgt ein Gangzug durch den Rhein, welcher sich sowohl durch seine Erzführung an vielen Stellen, als auch durch seine Ausdehnung auszeichnet. Auf diesem Gangzuge baut die Grube Gute Hoffnung bei Werlau auf dem linken Rheinufer, dem rechtsrheinischen Dorfe Ehrenthal gegenüber. Der aus einem Haupttrumm und einem hangenden Nebentrumm bestehende Werlauer Gang zeigt 7 nach Südwesten einschiebende Erzmittel hinter einander mit silberhaltigem Bleiglanz, Zinkblende und Kupferkies und ist schon seit Jahrhunderten Gegenstand des Bergbaues. Der Gang streicht in St. 4 bis 5 bei einem südöstlichen Einfallen von einigen 70 Grad, besitzt eine Mächtigkeit von einigen Dezimetern bis zu 2 Metern und ist vom Rheinthale aus durch den Friedrich-Wilhelmstollen und den tiefen Rheinstollen gelöst; man ist von dem letzteren aus bereits 40 m unter dem Rheinspiegel niedergegangen. Das Ausgehende des Ganges lässt sich zwischen Werlau und Holzfeld nach Südwesten bis in das Frankschieder Thal verfolgen. Die streichende Länge des Grubenfeldes bis in das genannte Thal misst ca. 2400 m.

Die oben geschilderte Bankbildung der Lagergänge des Reviers ist in der Grube Gute Hoffnung besonders charakteristisch entwickelt und an vielen Punkten aufgeschlossen und beobachtet worden. Der Gang bildet mehrere Bänke, welche parallel mit einander nach ein und derselben Weltgegend einschieben und zwar bald geradlinig, bald wellenförmig. Die Neigung der Bänke gegen den Horizont geht bis zu 30°. Die Bankbreite beträgt einige Dezimeter bis ca. 120 m; mit der Zunahme der Teufe scheint die Breite der Bänke abzunehmen. Die Entfernungen zwischen den Bänken variiren, nach den Gangprofilen gemessen, zwischen 10 und 40 m. Wo die Bänke Verflachungen des Ganges bilden, beobachtet man in der Regel ein Abstossen der Schichten des Nebengesteins an den Saalbändern, also eine Durchbrechung des Nebengesteins durch die Gangkluft.

Die Erzmittel des Ganges schieben, wie gesagt, nach Südwesten ein mit einer Breite im Streichen von 120 bis 160 m. Etwa 20 m im Hangenden des Hauptganges setzt ein bauwürdiges Trumm auf, welches in der Stollensohle Fahlerze mit Spatheisenstein geführt hat. Zwischen dem Hauptgange und dem hangenden Trumm treten drusenreiche Quarzgänge bis zu 1 m Mächtigkeit auf.

Die Grube Gute Hoffnung beschäftigt etwa 200 Arbeiter mit Einschluss der Aufbereiter. Sie hat im Jahre 1883 614 t Bleierze und 1403 t Zinkerze im Werthe von 74253 M., bezw. 14033 M. gefördert. Kupfererze wurden nur in den Jahren 1862, 1878 und 1883 in grösserer Menge gewonnen, nämlich 180, bezw. 126 und 256 t im Werthe von 14088, bezw. 6305 und

5126 M.; in den anderen Jahren hat die Kupfererzförderung nur wenige Tonnen betragen oder ist ganz ausgefallen.

Zur Wasserhaltung und Förderung aus den Gesenkbauen unterhalb der Friedrich-Wilhelmstollensohle bedient man sich der komprimirten Luft, welche in zwei, durch je eine Dampfmaschine von 25 bis 30 Pferdekraft betriebenen, vor dem genannten Stollen aufgestellten Luftkompressoren erzeugt wird.

Die Aufbereitung der Erze erfolgt in einer Aufbereitungsanstalt neueren Systems, welche vor dem Friedrich-Wilhelmstollen errichtet ist und durch eine Dampfmaschine von 30 Pferdekraft betrieben wird.

Ein charakteristischer Begleiter der Gänge des Zuges Werlau-Holzappel ist das sogenannte Weisse Gebirge, welches lagergangartig, stellenweise auch vollständig gangartig im Hangenden und Liegenden der Erzgänge auftritt und früher als ein metamorphirter Thonschiefer, als ein kalkschieferartiges Gestein geschildert wurde. Die neueren Untersuchungen von v. Groddeck[1]) haben indessen ergeben, dass das Weisse Gebirge kein Talkschiefer oder dem letzteren verwandter Schiefer, sondern ein Serizitgestein ist. Neben dem Serizit bilden Kalkspath oder Karbonate aus der Kalkspathgruppe und Quarz in mikroskopischen Partikelchen das Weisse Gebirge, welches bei Werlau auch Schwefelkies und seltener Kupferkies und Bleiglanz enthält. Man unterscheidet zwei Hauptvarietäten dieser Gebirgsart, nämlich eine dickmassige mit versteckter Schieferung, welche umgewandeltes Eruptivgestein (Diabas) zu sein scheint, und eine ausgezeichnet dünnschieferige, welche sich durch den Gehalt an Thonschiefernädelchen als umgewandelter Thonschiefer kennzeichnet.

In der Grube Gute Hoffnung lagert das Weisse Gebirge theils im Hangenden (bis zu 21 m), theils 1 bis 2 m im Liegenden des Ganges, theils im Gange selbst, theils unmittelbar auf oder unter den Saalbändern. Auch sind Stellen bekannt, wo dasselbe die Bankverflächung mitmacht oder den Gang vom Hangenden zum Liegenden durchsetzt.

Die Mächtigkeit des Weissen Gebirges schwankt zwischen einigen Centimetern und einigen Metern.

Die Fortsetzung des Werlauer Ganges auf der rechten Rheinseite gegen Nordosten ist durch den Bergbau bei Ehrenthal, Dahlheim und Marienfels konstatirt; die Gänge bei Obernhof und Holzappel an der Lahn liegen in der Streichungslinie des Gangzuges und stimmen auch in ihren mineralogischen und geologischen Eigenschaften so sehr mit den übrigen Gängen des Zuges überein, dass sämmtliche in Rede stehende Gänge als einem Gangzuge und einer Gangformation angehörend betrachtet werden müsssen.

Von dem Frankschieder Thale aus scheint der Gangzug in Südwesten

[1]) Neues Jahrbuch für Mineralogie etc. von Benneke, Klein und Rosenbusch. II. Beilageband, 1. Heft, 1882.

nach der verlassenen Grube Camilla bei Norath und weiter nach dem Dorfe Laubach zu streichen, indem man in neuerer Zeit in diesem Dorfe Bleierzgangtrümmer erschürft hat, deren mineralogisches und geologisches Verhalten diese Annahme rechtfertigt.

Unterhalb Laubach in dem Bienenthale und Osterkülzbachthale treten wieder erzführende Quarzgänge im Grubenfelde Eid auf, welche in früheren Jahren Gegenstand eines ziemlich lebhaften Bergbaues waren. In dem Külzthale hat man durch einen Stollen zwei Gänge aufgeschlossen, von denen der hangende, bis zu 1 m mächtige Mariengang die Beschaffenheit der Werlauer Gangformation in einem ca. 30 m langen Erzmittel zeigte.

Als südwestliche Fortsetzung der Gänge des Külzthales lassen sich die Gänge bei Biebern ansprechen, über deren Verhalten die früheren bergmännischen Versuchsarbeiten indessen wenig Aufschlüsse gegeben haben.

Die Gangspuren bei Niederkostenz und Laufersweiler an der Südwestgrenze des Reviers mögen hier insofern Erwähnung finden, als sie in dem südwestlichen Fortstreichen der Gänge von Biebern und des Külzthales liegen.

Bemerkenswerth ist sodann der durch älteren Bergbau bekannte Holzfelder Gang, welcher, ca. 480 m im Liegenden des Werlauer Ganges am linken Rheinufer beginnend, als Paralleltrumm in südwestlicher Richtung dem Frankschieder Thale zu streicht.

In der Nähe von Boppard und zwar am „Bopparder Hamm“ treten erzführende Quarzgänge auf, deren Bauwürdigkeit jedoch bis jetzt durch den Bergbau noch nicht nachgewiesen werden konnte. Diese Gänge zeigen sich an dem Rheinthalgehänge unterhalb Boppard und westlich von Oberspay, liegen in der Streichungslinie der Gänge von Braubach und Ems auf der rechten Rheinseite und lassen sich gegen Südwesten nach Boppard zu weiter verfolgen. Dieselben führten an einer Stelle Antimonerze und Kupferkiese in besonderen Trümmern.

Bei Ehr und Liesenfeld an der Strasse von Boppard und St. Goar nach der Mosel, im Baybachthale bei Nieder-Gondershausen, bei Gödenroth im Deimbachthale treten Kupfererz, Bleiglanz und Blende führende Gänge und Gangtrümmer auf, welche in einer von Castellaun nach Boppard zu streichenden Schichtenzone liegen und insofern bemerkenswerth sind, als sie in früheren Jahren zu resultatlosen Bergbauunternehmungen Veranlassung gegeben haben.

Projektirt man die vorstehende Streichungslinie in südwestlicher Richtung zwischen Castellaun und Buch und weiter über Leideneck hinaus nach dem Thale des Altlayer Baches, so trifft man in diesem Thale südwestlich der Dörfer Löffelscheid und Peterswald die interessanten Gänge der Gruben Adolph und Helena, auf welchen schon seit vielen Jahren Bergbau umgeht. Es sind die hier bekannten Gänge, nämlich der Mariengang, der Franzgang, der Emmagang, der Emiliengang I und II unzweifelhaft der Werlauer Gangformation zuzurechnen, indem sie Bleiglanz, Blende und Kupferkies in der quarzigen Gangmasse führen und die Eigenthümlichkeit jener Formation deutlich erkennen lassen. Die Gänge streichen in St. 3 bis 5 mit nordwestlichem Einfallen. Auf dem Mariengange (dem Hauptgange) sind drei Erzmittel aufgeschlossen, welche, durch Verwerfungen von einander getrennt, stellenweise 6 bis 8 m Mächtigkeit und 120 m unter Tage ca. 120 m Gesammtlänge im Streichen haben. 20 m im Liegenden des Marienganges lagert der ebenfalls bauwürdige Franzgang, welcher aus zwei nach der Teufe zu sich schaarenden Trümmern besteht. Die übrigen genannten Gänge sind weiter im Liegenden erschürft und in oberen Teufen untersucht, aber bis jetzt nicht für bauwürdig befunden worden.

Die Erzführung auf dem Marien- und dem Franzgange hat in den 60er und 70er Jahren zu einem nicht unbedeutenden Bergbau Veranlassung gegeben. Derselbe ist in den letztvergangenen Jahren nicht wegen Unbauwürdigkeit der Gänge, sondern wegen anderer Ursachen zum Erliegen gekommen. Die Frage, ob diese Gänge in grösseren Teufen unter den gegenwärtigen Konjunkturen des Bleimarktes noch als bauwürdig gelten können, wird sich auf Grund des bisherigen Bergbaues schwer beantworten lassen; es müssten zu dem Zwecke die bergmännischen Aufschlussarbeiten schwunghaft fortgesetzt werden.

Weiter im Liegenden, im Felde Adolph (Bann Peterswald) ist noch ein Kupfer- und Schwefelkies führender Gang durch den Bergbau bekannt geworden.

In südwestlicher Richtung von den Gängen am Altlayer Bache tritt bei Ravensbeuren der Gang der verlassenen Grube Marienberg auf. Es ist dies ein bis zu 5 cm mächtiger Verwerfungsgang (Quergang), welcher das Gebirge spitzwinklig durchsetzt uud sich durch silberhaltige Fahlerze ausgezeichnet hat. Als Fortsetzung dieses Ganges gegen Südwesten dürften die Gangvorkommen im Grubenfelde Julie, in früherer Zeit Susanna genannt, in der Nähe der Reviergrenze und östlich von Trarbach anzusprechen sein.

In der Linie von Korweiler (nordwestlich von Castellaun) über Blankenrath auf Enkirch a. d. Mosel zu finden sich bei Buch, dem Schlosse Baldeneck, Sosberg, Blankenrath, Tellig und in dem Altlayer Thale Erzgänge von der bekannten Formation, über deren Bauwürdigkeit und geognostische Verhältnisse indess noch keine genügende Klarheit besteht, weil der frühere Bergbau hier nur dürftige Aufschlüsse geliefert hat. In den Feldern Theodor und Theodor-Vergrösserung bei Tellig ist ein erzführendes Gangmittel bis zu 30 m Teufe aufgeschlossen worden. Als südwestliche Fortsetzung dieses Gangvorkommens kann man den Erzgang im Altlayer Thale und zwar im Felde Zell betrachten, welcher von Tage aus bis zu 400 m Länge im Streichen gegen Nordosten ohne günstige Resultate untersucht worden ist.

Die Gänge im Conderthale bei Waldesch, die nördlichsten Gänge des Reviers, treffen in ihrer Streichungslinie gegen Nordosten den Rhein zwischen

Capellen und Laubach, wo erzführende Quarztrümmer bekannt sind, während diese Streichungslinie gegen Südwesten auf die Gänge im Ehrenburger Thale, bei Morshausen (Grube Theresia), bei Macken im Lützbachthale, bei Lieg und Fankel a. d. Mosel (Grube Gottessegen) hinweist. Bei Fankel setzt der dort bekannte Gang durch die Mosel. Der Gang im Felde der Grube Josephsberg bei Eller, wo die Mosel durch die starke Krümmung ihres Laufes eine Halbinsel bildet, lässt sich nach seinem Streichen als die südwestliche Fortsetzung des Ganges der Grube Gottessegen ansprechen.

Bezüglich der in der Nähe des rechten Moselufers im nördlichsten Theile des Reviers weiter aufsetzenden Gänge verdient Folgendes Erwähnung: Im Conderthale, Winningen gegenüber, wo die Gebirgsschichten ausnahmsweise in St. 12 streichen und nach Westen einfallen, ist ein Bleiglanz und Blende führender Quarzgang auf 80 m Länge im Streichen ziemlich bauwürdig aufgeschlossen worden. Oberhalb Niederfell in dem Grubenfelde Goldlay treten Gangtrümmer auf, über deren Bauwürdigkeit erst noch weitere Bergbauarbeiten Auskunft geben müssen. Südöstlich von Oberfell im Oberfeller Thale setzt ein in St. 5 bis 6 streichender Gang quer durch das Thal, welcher seiner Zeit durch kurze Stollen untersucht und worauf das Bergwerk Glücksfund verliehen worden ist.

Die bisher geschilderten Gänge durchsetzen, wie gesagt, das Hochland des Hunsrücken, während auf dem Soonwald bis jetzt nur an einer Stelle Blei- und Kupfererze gangartig vorgekommen sind. Oberhalb der Burg Rheinstein kennt man nämlich Bleiglanz, Kupferkies und Kupferlasur führende Quarzgänge, welche im Jahre 1837 am Ausgehenden untersucht worden sind, sich aber nicht als bauwürdig erwiesen haben.

Erwähnenswerth sind noch die in der Nähe von Trarbach aufsetzenden, Blei- und Zinkerze führenden Gänge, welche durch ältere Betriebe in den Koncessionsfeldern Trarbach, Libussa und Kupferlöcher bekannt sind und seiner Zeit hauptsächlich die Erze für die Allenbacher Hütte lieferten. Die Erze sollen sehr silberhaltig gewesen sein.

Zu den im Reviere zerstreut auftretenden Bleierzlagerstätten gehört der durch alten Bergbau bekannte Quarzgang im Devonkalke bei Stromberg (Schloss Gollenfels), welcher stellenweise schöne Glasurerze geführt haben soll.

Endlich verdient noch der in dem Felde Mosella bei Nörtershausen (Brodenbachthal) durchsetzende Kupfererzgang Erwähnung. Derselbe streicht in St. 1 bis 3, ist also ein Quergang, war bis 10 cm mächtig und zeichnete sich durch Quarz und Kupferkies in schönen Krystallen aus.

3. Die Kupfer- und Quecksilbererze in den eruptiven Gebirgsarten.

a. Die Kupfererze.

Die in dem südlichen Theile des Reviers zu beiden Seiten der Nahe auftretenden Melaphyre und Felsitporphyre führen an manchen Stellen Kupfer- und Quecksilbererze als Ausscheidungen oder Anflüge in Gangklüften oder als Imprägnationen oder Einsprengungen, welche mit Zerklüftungen des Gebirges ursachlich im Zusammenhange stehen.

Oberhalb Niederhausen an dem linken Gehänge des Nahethales existirte schon im fünfzehnten Jahrhundert Bergbau auf Kupfererze (Malachit, Kupferlasur und Kupferglaserz) im Melaphyr, welcher sich durch alte Schächte und Pingen gegenwärtig noch kennzeichnet. Vor einigen Jahren sind auf dieses Erzvorkommen die Felder Manfred und Astarte verliehen worden. Durch Tagebau und unterirdischen Stollenbetrieb hat man die Lagerstätte von Neuem untersucht und konstatirt, dass das im Kohlenrothliegenden aufsetzende Melaphyrlager eine mit zersetzten Kupfererzen, d. h. mit Malachit und Kupferlasur imprägnirte Zone einschliesst, welche im Abbau bis zu 15 m Mächtigkeit zeigt und an den Berggehängen des Nahethales zu Tage geht, und dass hier noch grössere erzführende Partieen in den jetzigen Bausohlen und nach der Teufe zu erwarten sind, indem der alte Bergbau nicht tief in die Lagerstätte eingedrungen zu sein scheint. Die bisherigen Aufbereitungsprocesse auf der Grube auf nassem chemischem Wege ergeben ein Ausbringen aus den Kupfererzen von durchschnittlich 1,10 Prozent Kupfer.

Ausserdem verdient das Kupfererzvorkommen im Felsitporphyr des Rheingrafenstein auf dem rechten Ufer der Nahe, Münster a. Stein gegenüber, Erwähnung. Es bestand nämlich in dem Kehrbachthale, welches westlich des Rheingrafenstein der Nahe zufällt, schon im sechszehnten Jahrhundert unter der Regierung der Rheingrafen Bergbau auf Kupfererze. Die Ausbeute soll keine unbedeutende Einkommensquelle für die Rheingrafen gebildet haben. In der ersten Hälfte des vorigen Jahrhunderts ist der Bergbau aber zum Erliegen gekommen, und die später, im Jahre 1804 ausgeführten Arbeiten zur Untersuchung der Kupfererzgänge in diesem Distrikte über der Sohle des Nahethales haben zu keinen günstigen Resultaten geführt. Im Jahre 1853 liess der damalige Bergwerksbesitzer den tiefsten Stollen an der Nahe nochmals aufwältigen und Versuche zur Trockenlegung der mit dem Stollen in Verbindung stehenden Gesenkbaue machen. Das damals konstatirte Erzvorkommen bestand in Kupferkies in Klüften des Porphyr und in Porphyrpartieen mit Einsprengungen und Imprägnationen von Malachit und Kupferlasur. Die Armuth des Erzvorkommens sowie die Schwierigkeiten der Wasserhaltung veranlassten indess das baldige Ende dieser Unternehmung.

b. Die Quecksilbererze.

Das Vorkommen von Quecksilbererzen zu beiden Seiten des Nahethales oberhalb Kreuznach und zwar am Lemberg auf dem rechten Naheufer und am Kellerberg im Fischbachthale oberhalb Weinsheim muss als die nördliche Fortsetzung der Quecksilberzone betrachtet werden, welche in der bayerischen Rheinpfalz zwischen dem Glan und der Alsenz, den rechtsseitigen Zuflüssen der Nahe, durch zahlreiche und zum Theil berühmte Bergwerke bekannt geworden ist. Die Hauptreviere dieses früheren Bergbaues sind von Südwesten nach Nordosten der Potzberg bei Cusel, der Königsberg bei Wolfstein, der Stahlberg und der Landsberg auf der linken Seite des Alsenzthales. Der nördliche und westliche Theil des Lemberg, welcher nach der Nahe zu steil abfällt und tiefe Thälchen enthält, zeichnete sich schon vor Jahrhunderten durch Quecksilbererzbergbau aus.

Früher wurden die Eruptivgesteine des Lemberg als Quarzporphyr bezeichnet, während man dieselben in neuerer Zeit mehr der Gruppe der Melaphyre zurechnet. (Vergl. Geognostische Uebersichtskarte des Kohlen führenden Saar-Rheingebietes von Weiss und Laspeyres. 1868.) Die dortigen Gruben liegen etwa 7 km nördlich von Obermoschel am Landsberg. Im vorigen Jahrhundert sind daselbst drei Züge gebaut worden, welche im Jahre 1785 zusammen 1155 kg Quecksilber geliefert haben sollen: der Martinszug, die Treue Zuversicht und der Schmittenzug.

Die Erze[1]) finden sich als Zinnober derb, krystallisirt oder angeflogen in Klüften des Melaphyr oder in der Nähe der Klüfte; das Erzvorkommen scheint durch die den Melaphyr durchsetzenden Klüfte bedingt zu werden. Funde von gediegenem Quecksilber haben stets zu den Seltenheiten gehört. Die genannten Gruben sind grösstentheils vom Nahethale aus durch Stollen betrieben worden.

Der klüftige Melaphyr führte in der Grube Treue Zuversicht besonders da, wo er minder fest, gebräch und aufgelöst war, nesterweise Erze.

Der Schmittenzug liegt ca. 400 m westlich von der Grube Treue Zuversicht und ist ca. 40 m tiefer durch einen Stollen gelöst worden. „Nach den vorhandenen alten Weitungen — so theilt v. Dechen a. a. O. S. 438 mit — hat hier der stärkste Abbau am Lemberg stattgefunden. In dem südöstlichen Theile des Stollens befand sich im Jahre 1838 ein 6 Lachter tiefes Gesenk, worin Erzspuren getroffen waren, die jedoch wieder aufgehört hatten. Aus dem Gesenke ist eine Kluft St. 11 streichend und 20° gegen Osten einfallend getroffen, auf deren Wände kleine Schnürchen von Zinnober auf-

1) Die Notizen über den alten Bergbau am Lemberg und am Kellerberg sind der Abhandlung von Dechen's, „Das Vorkommen der Quecksilbererze in dem Pfälzisch-Saarbrückischen Kohlengebirge“ (Karsten's und v. Dechen's Archiv. Bd. XXII S. 375 ff. 1848) entnommen.

liegen. Der Porphyr im Hangenden derselben ist bis auf eine Entfernung von $1^1/_2$ Fuss mit Zinnober eingesprengt. Eine zweite Kluft, St. 9 streichend, welche in oberer Teufe Erze führte, ist mit einem tieferen Querschlage noch nicht erreicht, in dem sich jedoch bereits Erze zeigen. Die Weitungen der alten Baue weisen darauf hin, dass nicht nur auf den Klüften selbst Ueberzüge von Zinnober vorkommen, sondern dass sich auch in dem Porphyr und mehr oder weniger von demselben entfernt Zinnober eingesprengt findet."

„Das erzführende Gestein ist gewöhnlich ein gebleichter Porphyr mit Quarz, von Zinnober hin und wieder gefärbt; der auf den Klüften liegende Zinnober ist späthig, bildet Schalen und dringt auch von den Klüften aus in das Gestein ein. Der tiefe Stollen oder Carlsglück liegt am Fusse des Berges an der Nahe, 130 Lachter nördlich von dem Mundloche des Stollens des Schmittenzuges, bringt unter diesem 30 Lachter, unter dem Stollen der Treuen Zuversicht 50 Lachter ein. Derselbe hat zwei Oerter; das eine steht auf einer gangartigen, viel Eisenglanz führenden Kluft, das andere auf einer St. 12 streichenden und 80° gegen Westen einfallenden Kluft; Erzspuren finden sich schon am Mundloche desselben. In der Nähe sind an der Nahe Geschiebe, kleine Rollstücke von derbem Zinnober gefunden worden, und es sind 1845 Versuche gemacht worden, um ihre Lagerstätte aufzufinden."

Das Quecksilberbergwerk des Kellerberg oberhalb Weinsheim auf der linken Seite des Fischbachthales, wo eine kleine Porphyrkuppe aus den Schichten des Kohlenrothliegenden heraustritt, stand in der zweiten Hälfte des vorigen Jahrhunderts in Betrieb und wurde im Jahre 1794 in Folge des Krieges eingestellt. In den Jahren 1835 bis 1838 sind dort wieder Versuchsarbeiten ausgeführt worden, welche aber zu grösseren Unternehmungen nicht ermuntert haben. Nach v. Dechen, a. a. O. S. 441, besteht „das umgebende Gebirge aus Kohlengebirge, dessen Schichten, streichend in St. 12, mit 15 bis 20° einfallen; die Erze kommen in einem massigen, weissen, milden Gesteine wie am Stahlberg und Landsberg vor, welches entweder wie an diesen Orten für Thonstein oder für einen verwitterten und aufgelösten (Feldspath) Porphyr zu halten ist, und in dessen Nähe sich die Schichten des Kohlengebirges aufrichten und fast seiger stehen. Das Gestein hat eine gräulich weisse Farbe mit unregelmässig weissen Flecken, enthält viel Quarz, aufgelösten Feldspath und feine Schnürchen einer kohlenartigen Substanz. Der Zinnober erscheint auf den Spaltungsflächen nur als ein ganz dünner, oft dentritischer Anflug. Viele Klüfte durchsetzen das erzführende Gestein in verschiedenen Richtungen. Einige derselben behalten gleiches Streichen und Fallen auf eine ziemliche Erstreckung bei und nehmen dadurch einen mehr gangartigen Charakter an. Sie sind es besonders, auf denen Zinnober und etwas gediegen Quecksilber vorkommt; der erstere als Anflug. Mehrere Weitungen in den aus dem 80 Lachter langen Stollen geführten Bauen sprechen dafür, dass auch in dem Nebengestein dieser Klüfte die Erze eingesprengt vorkommen. Die bedeutendste der Klüfte streicht St. 10 bis 11 und fällt mit 75° gegen Nordosten ein."

Die Erzfelder des Stahlberg, des Landsberg, des Lemberg und des Kellerberg liegen in einer südnördlichen, ungefähr 22 km langen Linie. Die Gänge bezw. gangartigen Klüfte der Quecksilbererze bilden kleinere und grössere Gruppen, in denen der Parallelismus der Streichungsrichtungen die Regel abgiebt. Das Generalstreichen dieser Gänge ist St. 10 bis 12, während das Einfallen vorwaltend gegen Westen gerichtet ist. Nach den gemachten Erfahrungen beschränkt sich die Bauwürdigkeit der Quecksilbererzlagerstätten auf die oberen Teufen; überall ist eine Abnahme der Erze nach der Teufe zu beobachtet, was als die Hauptursache des Erliegens des Quecksilbererzbergbaues sowohl in der Rheinpfalz als auch im Reviere Coblenz II zu betrachten ist.

In neuester Zeit und zwar seit dem Jahre 1879 sind der Lemberg und der Kellerberg wieder Gegenstand bergbaulicher Unternehmungen geworden. Man hat die alten Stollen am Lemberg, nämlich die Stollen der Grube Treue Zuversicht, des Schmittenzuges, den Carlsglücker Stollen und noch einige andere benachbarte Stollen wieder aufgewältigt und weiter erlängt. Diese Versuchsarbeiten haben indess bis jetzt noch nicht die gewünschten Erfolge gehabt. Der vom Nahethale aus in südöstlicher Richtung getriebene tiefe Carlsglücker Stollen hat eine Länge von ca. 317 m erreicht und nur Spuren von Zinnober im Melaphyr aufgeschlossen. Die Versuchsarbeiten in der Grube Kellerberg sind auch insofern nicht ohne Interesse, als man dort von dem alten tiefen Stollen aus die Grenze zwischen dem Porphyr und den Schichten des Kohlenrothliegenden, welche letzteren früher der oberen Steinkohlenformation zugezählt wurden, auf ca. 100 m Länge verfolgt hat.

Zu erwähnen bleibt noch das Quecksilbervorkommen in dem Felsitporphyr des Kautzenberg bei Kreuznach auf dem linken Naheufer, wo dasselbe Gegenstand eines alten Bergbaues gewesen sein soll und noch in den 40er Jahren Zinnober auf Kalkspathgangstücken gefunden worden ist.

4. Die Eisenerze.

Der Bergbau auf Eisenerze war zeitweise der wichtigste im Reviere, ist aber in Folge der ungünstigen Konjunkturen in dem Eisengeschäfte in neuerer Zeit sehr zurückgegangen. Die Produktion ist insofern immerhin noch nicht unbedeutend, als sie den zweiten Platz behauptet und nur von der Produktion an Blei- und Zinkerzen übertroffen wird.

Die Eisenerze finden sich als Spath- und Rotheisenstein im Devon, als Brauneisenstein ebenfalls in der devonischen, der sogen. Hunsrücker und in der tertiären, der sogen. Soonwalds-Formation, endlich als thonige Sphärosiderite in dem Kohlenrothliegenden.

a. Spatheisenstein.

Das Vorkommen von Spatheisenstein im Devon ist ein gangartiges. Die Gänge, welche mit den Gebirgsschichten beinahe dasselbe Streichen und Fallen haben, sind nur von geringer Mächtigkeit, so dass ihr Abbau bis jetzt nicht als lohnend erschien.

In den Gemeinden Dieblich und Niederfell auf dem rechten Ufer der Mosel, Kobern gegenüber, tritt der Spatheisenstein in 10 bis 16 cm schmalen Trümmern auf; so namentlich in den Feldern der Bergwerke Juliane, Magdalena und Weltersbach. In der neben Eisenerzen auch auf Blei-, Kupfer- und Zinkerze verliehenen Grube Goldlay im Distrikte Trümmelberg der Gemeinde Niederfell setzt ein 0,60 bis 1,80 m mächtiger Spatheisensteingang auf, welcher in St. 12 bis 2 streicht und gegen Westen bis Nordwesten einfällt. Derselbe wird jedoch schon nach 6 m streichender Länge von einer Kluft abgeschnitten; eine weitere Ausrichtung ist bis jetzt nicht erfolgt.

In den weiter Mosel aufwärts gelegenen Gemeinden Bruttig und Fankel sind in dem Felde der Grube Wilhelm drei Spatheisensteingänge aufgeschlossen worden. Dieselben führen in ihrem Ausgehenden Brauneisenstein, während sie nach der Teufe zu völlig in Quarz übergehen. Sie streichen in St. 5 bis 6 und fallen fast seiger ein. Der Spatheisenstein soll von vorzüglicher Güte gewesen sein, die geringe Mächtigkeit der Gänge von 8 bis 10 cm hat jedoch einen lohnenden Betrieb nicht gestattet. Südwestlich von der Grube Wilhelm und nördlich vom Orte Beilstein sind in den oberen Weinbergsgehängen Spatheisensteintrümmer erschürft worden, auf welche das Bergwerk Beilstein verliehen ist. Das Erz ist von rauher Natur. Zusammen mit dem Spatheisenstein brechen Kupferkies und Brauneisenstein, letzterer, ein Umwandlungsprodukt des Spatheisensteins, nur in oberen Teufen.

b. Der Rotheisenstein.

Der ausser dem Spatheisenstein im Devon vorkommende Rotheisenstein tritt nicht gang-, sondern lagerartig auf.

Auf der Grube Braut, welche in der Nähe von Walderbach südlich des Soonwaldes gelegen ist, sind vier Lager bekannt. Die Mächtigkeit derselben wechselt sehr; sie beträgt an manchen Stellen 4 bis 5 m, oft sind aber die Lager, ähnlich wie die Bleierzgänge, durch Bankbildungen vollkommen verdrückt. Ihre obere Lösung ist in 16 m Teufe unter dem Ausgehenden durch einen Stollen erfolgt, während zur Eröffnung eines Tiefbaues ein 56 m tiefer, seigerer Schacht niedergebracht ist, welcher zur Förderung und Wasserhaltung dient. Zu dem Zwecke ist auf dem Schachte eine Dampfmaschine von 30 Pferdekraft aufgestellt worden. Bei 28 und 40 m Teufe hat man die erste bezw. zweite Tiefbausohle angesetzt; in letzterer ist das Hauptlager auf eine Länge von ca. 150 m im Streichen aufgeschlossen. Der Abbau erfolgt durch Firstenbau.

Der Rotheisenstein hat häufig eine schiefrige Struktur; er besitzt ausser einem Gehalte an Kalk einen solchen an Phosphor, welcher wahrscheinlich von den vielen Versteinerungen herrührt, die sich in ihm finden. Er wird mit Brauneisenerzen der Hunsrücker- und Soonwalds-Formation auf Giessereiroheisen verschmolzen. Gegenwärtig steht die Grube Braut ausser Betrieb.

Ein ähnliches Vorkommen findet sich in den Bergwerken Leokadia und Louisenshoffnung bei Waldlaubersheim, etwa eine Meile südlich von der Grube Braut. Die Lager, welche stets von weisslichem Thonschiefer begleitet werden, sind noch wenig untersucht.

Im Kreise Cochem ist auf der Grube Treis bei Treis früher von der Quinter Hütte ein 0,30 bis 1,20 m mächtiges Lager bebaut worden. Dasselbe streicht in St. 3 bis 4 mit einem Einfallen von 30 bis 45° gegen Südosten. Hier kommt mit dem Rotheisenstein auch Braunstein von guter Beschaffenheit vor.

In den Feldern Rudolph und Lütz im Treiser Walde setzt ein 30 bis 50 cm mächtiges Lager auf, dessen Rotheisenstein häufig in Eisenglanz übergeht. Dieselbe Erscheinung zeigt sich auf dem Lager, welches in den Gemeinden Briedern und Mesenich oberhalb Beilstein bekannt ist und auf welches die Bergwerke Joseph, Adolphshoffnung und Dortmunderfeld II verliehen sind. Die Mächtigkeit dieses Lagers beträgt 30 bis 60 cm.

c. Der Brauneisenstein.

Brauneisenstein kommt, wie oben erwähnt, in der Hunsrücker und in der Soonwalds-Formation vor.

Wo die Thon- und Grauwackenschiefer des Devon in einem sehr weichen, ganz ungewöhnlich aufgelösten Zustande vorhanden sind, findet sich der Brauneisenstein. „Das Eisenoxydhydrat hat entweder die Schichtungsklüfte durchdrungen und einzelne Schichten dieses Gebirges selbst völlig imprägnirt oder ist auf den Querklüften in gleicher Weise in die benachbarten Theile desselben mehr oder weniger eingedrungen, und so stellt sich der Eisenstein im Wesentlichen als ein in Brauneisenstein umgewandelter Thonschiefer dar, in welchem die Textur des Schiefers meist noch völlig zu erkennen ist“[1]). In diesem Falle tritt der Brauneisenstein also lagerartig auf; er kommt aber auch gangartig vor, nämlich überall da, wo das Eisenoxydhydrat in eigentlichen Gängen, meist Quarzgängen, zur Absetzung gelangt ist. Der Quarz erscheint in der Regel auseinander getrieben und die Quarzbruchstücke durch Brauneisenstein verkittet.

Ihre Hauptverbreitung haben diese Lagerstätten, deren Mächtigkeit zwischen 30 bis 60 cm schwankt, nordwestlich des hohen Gebirgskammes des

1) Nöggerath, Geognostische Beobachtungen über die Eisensteinformation des Hunsrückens, in Karsten's und v. Dechens Archiv, Bd. XVI S. 470 ff. 1842.

Soonwald in den Kreisen Simmern und Zell; sie treten aber auch südöstlich des Letzteren im Kreise Kreuznach, sowie näher dem Rheine in den Kreisen St. Goar und Coblenz auf.

Der Brauneisenstein der Soonwalds-Formation hat ein wesentlich anderes Aussehen, als der eben beschriebene. Er ist zwar auch ein dichter Brauneisenstein, erscheint aber „in irregulär sphäroidischen Formen von sehr verschiedenen Dimensionen, von mehr als einem Fuss Durchmesser bis unter Zollstärke hinab, welche in ihrer charakteristischen Ausbildung unregelmässig konzentrisch-schaalig abgesondert sind und äusserlich häufig aus einem phosphorsäurehaltigen, fettglänzenden Brauneisenstein (Stilpnosiderit, Pecheisenstein) bestehen". (Nöggerath a. a. O.) Die Eisensteine kommen meistens lagenweise zusammengehäuft in Thonen von verschiedener Färbung vor, welche dem Tertiärgebirge angehören. Sie sind in den Kreisen Kreuznach und Simmern verbreitet auf den Höhen des Soonwald und seinen Gehängen, insbesondere auf dem nordwestlichen Abfalle nach dem Thale des Tiefenbaches zu.

Die Gewinnung des Brauneisensteins erfolgt sowohl in der Hunsrücker, als auch in der Soonwalds-Formation durch Tagebau. Es werden je nach Bedürfniss 2 bis 3 Strossen vorgerichtet und demnächst abgebaut. Die Entwässerung der Baue geschieht durch Röschen oder bei den grösseren Gruben durch Stollen.

Die Hauptgruben sind Neufund bei Argenthal und Märkerei bei Tiefenbach. Die erstere betrieb im Jahre 1883 nur Aus- und Vorrichtungsarbeiten, die letztere förderte 207 t Brauneisenstein.

d. Der thonige Sphärosiderit.

Das Vorkommen von thonigem Spärosiderit in Lagern des Kohlenrothliegenden ist von untergeordneter Bedeutung. Dasselbe ist bei Sponheim und Langenthal, bei Simmern und in der Nähe von Kirn bekannt. Auf Sphärosiderit hat bislang ebenso wenig, wie auf den oben unter a erwähnten Spatheisenstein ein Betrieb stattgefunden.

5. Der Braunstein.

Das Vorkommen des Braunsteins ist ganz ähnlich dem des Brauneisensteins der Soonwalds-Formation. Beide Mineralien sind häufig derart mit einander vergesellschaftet, dass sie nur gemeinschaftlich gewonnen werden können. Der Braunstein findet sich vorzugsweise in der Nähe von Stromberg, südlich vom Soonwald. Die einzige Grube, welche zur Zeit im Betrieb steht, ist die Koncession Concordia, auf dem westlichen Ufer des Guldenbaches bei Seibersbach gelegen. Die Lagerstätte dieser Grube, welche das Vorkommen der ganzen Gegend ausgezeichnet repräsentirt, ist ca. 8 m mächtig, streicht in St. 6 und fällt unter 45^0 gegen Norden ein. Das Liegende wird von Quarzit, das Hangende von aufgeschwemmtem, 6 bis 8 m mächtigem Gebirge gebildet. Der Braunstein ist sehr reich und rein und erscheint als eine zerfressene und durchlöcherte Masse. Höchst selten bemerkt man auf den Drusenräumen etwas Pyrolusit in ganz kleinen Krystallen. Hin und wieder kommen Spuren von dichtem Brauneisenstein in der Masse vor, aber nicht so häufig, dass sie zur Benutzung gebracht werden könnten. An manchen Stellen ist der Braunstein mit weissem, fein krystallinisch körnigem Baryt verwachsen.

Der Abbau erfolgt mittelst Tagebaues in fünf Strossen von 1 bis 1,5 m Höhe. Die Wasser verursachen dabei keine Belästigung, da sie durch Klüfte ihren Abzug finden. Die durchwachsenen Erze werden gleich bei der Gewinnung ausgehalten, zuerst einer Handscheidung unterworfen und dann in Separationstrommeln und auf Setzmaschinen weiter verarbeitet. Dies geschieht in einer bei der Stromberger Neuhütte errichteten maschinellen Aufbereitungsanstalt, welche mittelst eines Wasserrades betrieben wird. Neben dieser Anstalt befindet sich eine zweite, in welcher die reinen Erze abgespült und in einem Systeme von Separationstrommeln nach der Korngrösse getrennt werden; zu ihrem Betriebe dient eine Dampfmaschine von 5 Pferdekraft.

Der Braunstein findet am Orte seiner Gewinnung keine Verwendung; er wird ausschliesslich versandt und in grossen Mengen an die Glashütten bei Saarbrücken, an die Hüttenwerke im niederrheinisch-westfälischen Industriebezirke und an die Kunstbleichereien in Frankreich, Belgien und England abgesetzt.

6. Der Schwefelkies.

Der Schwefelkies findet sich auf den Blei-, Kupfer- und Zinkerzgängen in untergeordneten Nestern mit Kupferkies. Er ist deshalb nicht Gegenstand einer besonderen Gewinnung geworden, verdient aber wegen seines Goldgehaltes eine kurze Erwähnung. Insbesondere führen die schwefelkieshaltigen Kupfer- und Bleierze der Grube Gute Hoffnung bei Werlau Gold. Dasselbe ist zuerst aus dem Silberblick Nr. 3 vom Jahre 1847 ausgeschieden worden. Der Goldgehalt des an die Münze in Frankfurt a. M. verkauften Silbers betrug:

im Jahre	1848	in	118,534	Mark	Feinsilber	0,436	Mark Gold
„	1849	„	38,805	„	„	0,117	„ „
„	1850	„	77,600	„	„	0,234	„ „
„	1851	„	100,373	„	„	0,155	„ „
„	1852	„	93,341	„	„	0,468	„ „
„	1853	„	154,165	„	„	0,519	„ „
„	1854	„	139,350	„	„	0,598	„ „
„	1855	„	165,691	„	„	0,614	„ „
„	1856	„	148,935	„	„	0,690	„ „
„	1857	„	127,391	„	„	0,512	„ „

im Jahre 1858 (wurde kein Silber dargestellt)		
„ 1859 in 225,474 Mark Feinsilber	0,546 Mark Gold	
„ 1860 „ 296,648 „ „	0,467 „ „	
Im Ganzen in 1686,307 Mark Feinsilber	5,365 Mark Gold.	

Es war mithin in 1 Mark Silber durchschnittlich 0,003182 Mark Gold enthalten. Vom Jahre 1861 ab wurden die gewonnenen Erze an andere Hütten zur Zugutemachung verkauft, und in Folge dessen fehlen seitdem die Angaben über die Produktion von Silber und Gold.

7. Gediegenes Gold.

Zwar nicht von technischer Bedeutung, aber doch von besonderem Interesse ist das Vorkommen von gediegenem Gold in einigen Bächen des Reviers. Ausser in dem Goldbache bei Andel in der Nähe von Berncastel, welcher schon ausserhalb der Grenzen des Revieres fliesst, ist Gold in dem Grossbache bei Enkirch und in dem Guldenbache bei Stromberg gefunden worden. Wie die Namen Goldbach und Guldenbach andeuten, muss die Goldführung dieser Bäche schon in alter Zeit bekannt gewesen sein. Das Gold kommt nicht als feiner Sand oder Staub, sondern in ziemlich grossen Stückchen vor, welche äusserlich geschiebeartig abgeschliffen sind. Es ist meist mit kleinen Quarzbröckchen verwachsen. Aus diesem Umstande schloss Nöggerath in seinem Aufsatze über „Vorkommen von gediegen Gold in den Moselgegenden“ (Schweigger's Journal für Chemie und Physik, Bd. 20, 1827. S. 257 ff.), dass die in dem Hunsrücker Gebirge aufsetzenden Quarzgänge reich goldführend seien. In einem späteren Aufsatze über denselben Gegenstand (ebend. Bd. 24. 1828. S. 351 ff.) hat Nöggerath jedoch diese Ansicht aufgegeben. Nach genauer Untersuchung der entblössten Quarzmassen, in denen kein Gold, überhaupt ausser ockerigem Brauneisenstein keine andere metallische Spur zu entdecken war, und nachdem er aus geschlämmtem Sande der goldführenden Bäche mittelst des Magnetstabes „ziemlich viele feine Körner von Magneteisenstein, dem fast konstanten Begleiter von allem Wasch- und Flussgolde“, herausgezogen hatte, kam er zu der Ueberzeugung, dass „das Gold aus einer grünsteinartigen Gebirgsbildung abstammen“ müsse. Das Ausgehende eines solchen goldführenden Lagers ist bis jetzt noch nicht aufgefunden.

8. Das Steinkohlenvorkommen.

In dem unteren Theile des Kohlenrothliegenden setzen kleine Steinkohlenflötze auf, welche früher theilweise bebaut worden sind. Ein derartiges Vorkommen ist in der Nähe von Kirn bekannt. Das Hauptflötz streicht von Kirn in nordöstlicher Richtung über Simmern, Langenthal, Daubach, Winterburg und keilt sich in der Nähe von Argenschwang aus. Auf dasselbe sind die Bergwerke Medicus und Friedrich Carl bei Kirn, Roseshoffnung bei Winterburg und Argenschwang bei dem gleichnamigen Orte verliehen.

Der Hauptbetrieb hat auf der zuerst genannten Grube stattgefunden. Hier sind zwei Flötze bekannt, welche durch ein Gesteinsmittel von 12 m getrennt sind. Das hangende Flötz ist das mächtigere, es besteht aus vier Kohlenbänken von bezw. 5, 5, 13 und 24 cm Mächtigkeit, zwischen denen drei 8 bezw. 3 und 5 cm starke Schiefermittel eingelagert sind. Das Flötz ist durch zwei Stollen und eine Tagestrecke gelöst worden. Es wurde von dem unteren, dem Carls-Stollen, in regelmässiger Ablagerung angefahren und von demselben aus bis zur oldenburgischen Landesgrenze (Birkenfeld) auf eine streichende Länge von 488 m verfolgt. Die weitere Vorrichtung geschah bei einem Einfallen des Flötzes von 14^0 durch zwei Diagonalen, aus denen in einer Entfernung von je 20 m streichende Abbaustrecken angesetzt wurden.

Das liegende Flötz ist wegen seiner geringen Mächtigkeit von 15 bis 25 cm und wegen der Verunreinigung durch verschiedene Gesteinsmittel nicht für bauwürdig befunden worden.

Die Grube kam im Jahre 1865 zum Erliegen, hauptsächlich in Folge der Konkurrenz der Saarkohlen. Die grösste Produktion weist das Jahr 1858 auf; in demselben wurden bei einer Belegschaft von 6 Mann 1629 t Kohlen im Werthe von 11261,50 M. gefördert.

Der Betrieb der Grube Friedrich Carl wurde bereits im Jahre 1833 eingestellt. Auf den Gruben Roseshoffnung und Argenschwang hat ein nennenswerther Betrieb überhaupt nicht stattgefunden.

Auf dem rechten Ufer der Nahe ist in dem Felde Neukirn östlich von Kirn ein zweites Vorkommen von Steinkohle bekannt. Das Flötz streicht von Südwest nach Nordost und fällt gegen Südosten ein. Es wird wahrscheinlich von dem im Süden auftretenden Melaphyr durchbrochen, so dass wohl niemals ein Betrieb eröffnet werden wird. Die nordöstliche Fortsetzung dieses Flötzes bildet das Vorkommen bei Martinstein, wo in neuerer Zeit kleine Flötze gefunden worden sind. Ihre geringe Mächtigkeit lässt sie aber bei einer unregelmässigen Lagerung des Gebirges nicht als bauwürdig erscheinen. In der Nähe des bei Kreuznach auftretenden Porphyrs sind an mehreren Stellen Steinkohlenflötze aufgefunden worden, so bei Niederhausen und am Lemberge, bei Norheim und bei Traisen. Die bei dem letzten Orte gelegene Grube Gevatterschaft ist im Jahre 1850 zum Erliegen gekommen; bis dahin förderte dieselbe jährlich etwa 300 t. Das Flötz, auf welchem der damalige Abbau umging, hat eine Mächtigkeit von 53 cm und fällt unter 60 bis 70^0 gegen Westen ein.

Im Meisenheimschen endlich ist südlich des Glanes unter dem Namen Carolinengrube ein Bergwerk auf Steinkohle verliehen. Das in demselben aufgeschlossene Flötz ist 15 bis 20 cm mächtig, streicht von Süden nach Norden und fällt gegen Osten ein.

9. Die Soolquellen.

Aus dem Porphyr von Kreuznach und Münster am Stein treten zahlreiche Soolquellen zu Tage aus. Auf der westlichen Spitze der oberhalb Kreuznach gelegensn Naheinsel Badewörth entspringt die Elisen- oder Elisabethquelle aus einem 11,3 m tiefen Bohrloche, welches aus einem Schachte von 3,1 m Tiefe niedergebracht ist. Sie liefert etwa 0,03 cbm Soole pro Minute und wird von den Badegästen hauptsächlich zum Trinken benutzt.

Die sogen. Nahe-Soolquelle liegt mitten in dem grösseren Arme des durch eine kleine Insel gespaltenen Flusses. Sie ist bei 3,1 m Tiefe gefasst und liefert pro Minute 0,06 cbm Soole. Letztere wird mittelst einer auf der Insel aufgestellten Dampfmaschine zu den Bädern gepumpt.

Die Oranienquelle liegt am rechten Ufer der Nahe, dicht an der Promenade nach der Saline. Der Bohrschacht hat 4,4 m und das aus demselben niedergebrachte Bohrloch 9,4 m Teufe. Der Spiegel dieser Quelle liegt beständig 16 cm über dem der Nahe.

Der Brunnen von Carlshalle auf dem rechten Ufer der Nahe hat in einem 7,8 m tiefen Schachte zwei Bohrlöcher von 22,6 m und 172 m Teufe. Die Quelle liefert 0,28 cbm Soole pro Minute. Dieselbe enthält in einem Pfunde 104 Gramm Salz und dient theils zur Speisung der Gradirwerke von Carlshalle, theils zur Versorgung der Bäder in Kreuznach mit Badewasser.

Der Hauptbrunnen von Theodorshall liegt dicht an dem Kurhause. Der Bohrschacht hat eine Teufe von 7,5 m und enthält in seiner Sohle drei Bohrlöcher von 47,1, 50,2 und 60,3 m Tiefe. Die Quelle liefert pro Minute 0,5 cbm Soole.

Die Verhältnisse der übrigen acht Brunnen auf Theodorshall ergeben sich aus folgender tabellarischen Uebersicht.

Quellen	Tiefe des Bohrschachtes m	Tiefe des Bohrlochs m
Brunnen I	6,3	195,2
„ II	6,3	34,5
„ III	6,3	34,5
„ IV	6,3	18,8
„ V	4,4	18,8
„ VI	4,4	18,8
„ VII	6,3	18,8
„ VIII	6,3	18,8

Der Spiegel sämmtlicher Quellen steht beim Nichtbetriebe der Saline etwas höher, als der Spiegel der Nahe und steigt und fällt mit diesem. Im übrigen übt die Nahe weder auf die chemischen, noch auf die physikalischen Eigenschaften dieser Quellen irgend einen Einfluss aus.

Die Brunnen liefern zusammen 1,67 cbm Soole pro Minute.

Auf der früher fiskalischen Saline Münster am Stein, die sich in westlicher Richtung an Theodorshall anschliesst, sind sechs Brunnen vorhanden, von denen in der Regel nur noch zwei, die Brunnen Nr. I und II, zum Salinen- und Bäderbetriebe benutzt werden. Die Verhältnisse dieser sechs Brunnen sind aus folgender Tabelle zu ersehen.

Quellen	Tiefe des Bohrschachtes m	Tiefe des Bohrlochs m	Stand des Soolspiegels unter dem Spiegel der Nahe im Mittel. m
Brunnen I	4,7	31,4	3,17
„ II	4,7	39,8	2,10
„ III	5,5	65,9	5,30
„ IV	5,6	40,8	5,65
„ V	4,6	9,4	2,20
„ VI	4,6	9,4	5,65

Der Wasserstand der Nahe übt auf den Gehalt, die Temperatur und die Menge der Soolen dieser Brunnen ebenso wenig einen Einfluss aus, wie auf diejenigen von Theodorshall.

Während die Temperatur der Soole bei den einzelnen Quellen sehr verschieden ist, bleibt sie für jede Quelle zu allen Jahreszeiten konstant. Eine Vertiefung der Bohrlöcher und insbesondere eine Absperrung der wilden und süssen Wasser haben nicht nur den Salzgehalt der Soole, sondern in der Regel auch deren Temperatur erhöht. Dieselbe schwankt zwischen 12 und 30° C., während die mittlere Temperatur des Nahethales 10° C. beträgt. Die höchste Temperatur von 30° C. besitzen die Quellen bei Münster am Stein.

Das spezifische Gewicht der Soole übersteigt bei allen Quellen das des Wassers nur um wenige Tausendstel bis höchstens ein Hundertstel. Das spezifische Gewicht der Elisabethquelle z. B. schwankt zwischen 1,004 bis 1,011.

Die chemische Zusammensetzung der Soole ist nur aus älteren Analysen von Löwig (1830 bis 1834), Baur, Liebig, Mohr (1853) bekannt. Laspeyres, „Kreuznach und Dürkheim a. d. Hardt“, Theil II Abschnitt III (Band XX S. 164 der Zeitschrift der deutschen geologischen Gesellschaft) giebt den Durchschnittsgehalt der wichtigsten Quellen, wie folgt, an:

Salze:	Durchschnittszusammensetzung:
$CaO.2CO_2$	0,22660
$MgO.2CO_2$	0,08638
$FeO.2CO_2$	0,04836
$MnO.2CO_2$	0,00076
$BaO.2CO_2$	0,00720
$SrO.2CO_2$	0,01649
CaCl	0,02311
MnCl	0,00034
SrCl	Spur
MgCl	0,37699

Salze:	Durchschnittszusammensetzung:
NaCl	10,22857
KCl	0,05499
LiCl	0,01539
CsCl	Spur
RbCl	Spur
KBr	0,04121
NaBr	0,03055
KJ	0,00347
Al_2O_3	0,00498
SiO_2	0,03139
CO_2	—
N	Spur
HS	?
PO_5Salze	0,00224
NH_3Salze	Spur
Organische Substanz (Verlust)	Spur
BO_3	?

Die Quellen zeichnen sich zunächst, wie die Tabelle lehrt, durch eine grosse Armuth an Chlornatrium aus. Die Gradirung und Versiedung einer so geringhaltigen Soole würde an sich kaum lohnend sein; aber die durch den Salinenbetrieb gewonnene Mutterlauge vermehrt wesentlich die weltberühmte Heilkraft der Bäder, welche allein die Rentabilität sichern. Den geringen Soolgehalt theilen die Quellen mit vielen anderen; ihre Haupteigenthümlichkeit besteht aber in dem gänzlichen Mangel an schwefelsauren Salzen. Es darf daraus geschlossen werden, dass die Quellen nicht einem aus dem Meere abgesetzten Salzlager ihren Ursprung verdanken. Auch an kohlensauren Salzen sind die Quellen verhältnissmässig arm, während die Chlor-, Brom- und Jodsalze in ausserordentlich reichlicher Menge vorhanden sind. Einerseits diesem Reichthum an Haloidsalzen, andererseits dem gänzlichen Fehlen der schwefelsauren Salze verdanken die Quellen ihre grosse heilkräftige Wirkung (Dr. Fresenius, Studien und Erfahrungen über die Heilquellen von Kreuznach. 1865).

Der Gehalt an Jodkalium ist geringer, als in den meisten anderen Soolquellen, der an Bromkalium aber so bedeutend, dass das Brom seit vielen Jahren aus der Mutterlauge gewonnen wird. Den Hauptbestandtheil der Quellen bilden, selbst nach Abzug des Chlornatriums, die Chlorverbindungen. Am interessantesten ist jedoch das Vorkommen von Cäsium und Rubidium in der Soole. Denn diese Alkalien, welche zuerst Bunsen in den Mutterlaugen gefunden hat, weisen auf den Ursprung unserer Quellen hin.

Früher hat man denselben in Steinsalz führenden Sedimenten gesucht. Man glaubte, dass die Quellen aus den rothen Sandsteinen und Schieferthonen nördlich und nordöstlich von Kreuznach stammten. Seitdem man aber erkannt hat, dass diese Schichten nicht zum Buntsandstein gehören, sondern zum Oberrothliegenden zu stellen sind, musste man jene Annahme aufgeben. In der Nähe der Quellen kommen nur ältere Sedimente vor, nämlich Devon, Kohlengebirge und Oberrothliegendes, welche man bis jetzt noch nicht als steinsalzführende erkannt hat, und da die Lagerungsverhältnisse nicht gestatten, die Quellen aus der südlich liegenden Trias herzuleiten, so musste man deren Ursprung in den eruptiven Gesteinen suchen.

Nachdem im Jahre 1840 Schweizer 0,10% Chlor in dem Porphyr gefunden hatte, hielt er die Soole für ein Auslaugungsprodukt des Porphyrs. Dieser Ansicht widerstreitet Karsten in seiner Salinenkunde ganz entschieden, während ihr G. Bischof nach den eingehendsten Untersuchungen beitritt. „Das Fehlen der schwefelsauren Salze, besonders des Gypses, der steten Begleiter aller bisher bekannten sedimentären Salzlager, der Reichthum an Jod (?) und Brom, der geringe Salzgehalt unserer Soole“ bestimmten Bischof, den Ursprung der Quellen in Eruptivgesteinen und zwar im Porphyr zu suchen. Dieses Eruptivgestein ist nach Laspeyres (a. a. O.) aber nicht der Porphyr, sondern der Melaphyr. Die Aehnlichkeit der Dürkheimer mit den Kreuznacher Quellen — so führt Laspeyres aus — verweist auf einen gemeinsamen Ursprung; dies kann aus geologischen Gründen nur der Melaphyr sein. Derselbe ist auch aus chemischen Gründen das einzige Gestein, welches der Träger der Soole sein kann. Denn den Chlorgehalt des Porphyrs hält Laspeyres nur für einen sekundären, für eine Imprägnation des Gesteins aus früher vorhandenen oder gegenwärtig noch fliessenden Soolquellen. Ausserhalb des Bereiches der Quellen fehlen in dem Porphyr das Baryum, Strontium, Cäsium und Rubidium, nur das Lithium ist vorhanden. Alle diese Stoffe finden sich aber nach den Untersuchungen von Laspeyres in dem Gabbro des Norheimer Tunnels, mit Ausnahme von Brom, Jod und Borsäure. Diese drei Bestandtheile sind in dem Gestein jedenfalls vorhanden, aber nur in so geringen Mengen, dass ihre Existenz sich schwerlich wird nachweisen lassen. Dass die Kreuznacher Soolquellen Auslaugungen aus den Melaphyren sind, wird dadurch bestätigt, dass man durch Kochen dieses Gesteins mit Wasser eine Salzlösung mit ganz ähnlichen chemischen Eigenschaften wie die Quelle erhält, nur fehlen darin die kohlensauren Salze. Endlich hat Laspeyres an vielen Orten in der Nähe der Melaphyre schwache Soolquellen gefunden, welche eine den Kreuznacher ganz ähnliche chemische Zusammensetzung haben; so bei Sulzbach, Kirn, Diedelkopf, Eisenbach, St. Julian u. a. O.

Die Atmosphärilien, welche im Osttheile des pfälzischen Gebirges, namentlich zwischen der Gans und dem Donnersberge niederfallen, treffen in der

Erde den grossen pfälzischen Rothliegenden-Sattel mit den zahllosen Melaphyrlagern und Gängen. In dem Erdinnern erwärmen sie sich und können so um so leichter die Melaphyre auslaugen. Die den Nordflügel jenes Sattels herunter laufenden Wasser stossen endlich auf den Kreuznacher Porphyr, dessen grosse Klüftigkeit dem Aufsteigen der Quellen durch ihren eigenen hydrostatischen Druck kein Hinderniss in den Weg legt (Laspeyres a. a. O.).

Diese Theorie mag vorläufig als die beste angenommen werden, da alle bisherigen Erfahrungen für dieselbe sprechen. Sie hat aber auch ihre Gegner und zwar desshalb, weil die Salzbildner Brom und Jod, welche wesentliche Bestandtheile der Kreuznacher Soole sind, in den Melaphyren nicht nachgewiesen werden können.

Der Verfasser glaubt, dass das Chlor-, Brom- und Jodnatrium aus dem Ober-Rothliegenden herrührt, dass die Quellen aber dieser letzteren Formation ihren Ursprung verdanken. Für diese Ansicht spricht das Vorkommen des Ober-Rothliegenden in der Nähe von Sulzbach, Diedelkopf, Eisenbach und St. Julian, an welchen Orten dasselbe in mächtigen Ablagerungen auftritt.

10. Die sonstigen Mineralquellen.

Fast alle Quellen, welche im Devongebirge auf dem Hunsrück entspringen, sind Säuerlinge.

Die Lamscheider Quelle, welche bei Lamscheid im Kreise St. Goar entspringt, ist wegen ihres Reichthums an Kohlensäure schon in sehr früher Zeit bekannt gewesen. In verschiedenen alten Schriften wird sie unter dem Namen der Leininger Quelle aufgeführt, so genannt nach einem etwa $^1/_2$ Stunde von ihr entfernten Dorfe Leiningen, von welchem auch die Grafschaft Leiningen ihren Namen ableitet. So wird sie im sechszehnten Jahrhundert von Günther von Andernach, welcher Trier'scher Leibarzt und später Professor in Paris war, in seinem Commentarius de balneis et aquis medicatis 1565 erwähnt. Ebenso wird sie von Tabernaemontanus in seiner allgemeinen Brunnenschrift 1583 angeführt. Derselbe bezeichnet die Lamscheider Quelle als „den guten, vortrefflichen Sauerbrunnen.“

Zu Anfang der 80er Jahre des vorigen Jahrhunderts unter der Regierung der verwittweten Reichsgräfin Maria Anna von der Leyen und zu Hohen Geroldseck wurde die Quelle besonders stark besucht. Die genannte Fürstin selbst bediente sich ihrer bei ihrer Kränklichkeit mit gutem Erfolge. Nachdem die ersten Untersuchungen des Wassers von dem kurpfälzischen Oberamtsphysikus Dr. Wanzel zu Simmern, dem Physikus Dr. Ratzen zu St. Goar, von Le Sage zu Paris und dem Bergrath und Professor Hecht zu Strassburg bekannt geworden waren, wurden in den Jahren 1784 und 1786 in dem Journal von und für Deutschland die Heilwirkungen des Sauerbrunnens in sehr anerkennenswerther Weise besprochen. Um diese Zeit wurden jährlich 180000 Krüge Wasser versandt. Das Pachtgeld für den Brunnen belief sich auf die nicht unbedeutende Summe von 2000 Gulden (rund 3429 Mark). Mit dem Ausbruche des Krieges, welcher auf die französische Revolution folgte, und dem Ende der Leyen'schen Regierung verminderte sich die Zahl der Kurgäste und Abnehmer des Wassers ganz beträchtlich. Die Quelle kam später in die Hände eines gewissen D'Avis, und wurde 1868 von Moritz Gerhardi und Maximilian Schippers käuflich erworben. Gegenwärtig ist Lamscheid als Bade- und Kurort nicht mehr bekannt.

Der Brunnen ist in einer Tiefe von 3,9 m gefasst und hat einen Durchmesser von 80 cm. Er entspringt aus dem blauen Schiefer und liefert pro Minute 10 Liter Wasser. Dasselbe ist ganz farblos und klar und besitzt eine Temperatur von 10° C. Nach der Analyse des Professors Dr. Fresenius zu Wiesbaden enthält die Quelle in 1000 Gewichtstheilen Wasser:

Schwefelsaures Kali	0,004918
Schwefelsaures Natron	0,006995
Chlornatrium	0,005869
Kohlensaures Natron	0,049529
Kohlensaures Lithion	0,000802
Kohlensaures Amoniak	0,000545
Kohlensauren Kalk	0,380305
Kohlensauren Baryt	0,000300
Kohlensauren Strontian	0,000057
Kohlensaure Magnesia	0,195157
Kohlensaures Eisenoxydul	0,051755
Kohlensaures Manganoxydul	0,004897
Phosphorsaure Thonerde	0,000460
Thonerde und Kieselerde	0,000034
Kieselerde	0,034456
in Summa	0,736079

feste Bestandtheile.

Kohlensäure mit einfachen Carbonaten zu Bicarbonaten verbunden	0,312434
und völlig freie	2,818499
in Summa	3,867012

Das Wasser der Lamscheider Quelle ist demnach an kohlensaurem Eisenoxydul und freier Kohlensäure verhältnissmässig reich. Von anderen Bestandtheilen überwiegen kohlensaure Kalkerde und kohlensaure Magnesia, während schwefelsaure Alkalien sich nur in ungewöhnlich kleinen Mengen in dem Wasser vorfinden. Dasselbe enthält daher auch gar keinen Schwefelwasserstoff, welcher bei der Reduktion der Sulfate entstehen würde, ein Umstand, der das Wasser bei seiner grossen Frische für den Gebrauch sehr angenehm macht.

Die Quelle bei Rhens am Königstuhle, welche im Rhein aus dem Devongebirge hervortritt, wurde 1858 von dem Baumeister Schwarz gefasst. Das Wasser enthält nach einer von dem Medizinalrath Mohr angeführten Analyse in 1000 Gr.:

Kohlensaures Natron	7,102	Gr.
Chlornatrium	12,657	„
Schwefelsaures Natron . . .	9,585	„
Kohlensaure Bittererde . . .	3,400	„
Eisenoxyd	0,023	„
Kieselerde	0,160	„
Kali	Spur.	

Wegen seines geringen Eisengehaltes ist das Wasser dieser Quelle sehr geeignet zum Trinken. Es wird namentlich im Sommer zum Wein und sonst zur Kühlung viel genossen.

Die Quelle im Conderthale, einem Seitenthale auf dem rechten Moselufer, in südwestlicher Richtung von Winningen, liefert ein sehr eisenreiches und schweres Wasser. Dasselbe wird von Personen, die an Blutarmuth leiden, als Heilmittel mit Erfolg gebraucht.

V. Produktion und Geldwerth derselben. Zahl der Werke und der Arbeiter.

Da vom 1. Oktober 1861 ab ein Theil des Kreises Berncastel von dem Reviere Coblenz II abgetrennt und dem damals neu gebildeten Reviere Trier (jetzt Trier-St. Wendel) zugetheilt wurde (vergl. Abschnitt I), und hiermit auch eine Anzahl Werke aus dem Reviere Coblenz II ausschied, so geht die nachfolgende statistische Uebersicht nur bis zu dem Jahre 1862 zurück und umfasst somit die letzten 22 Jahre.

(Siehe die tabellarische Uebersicht umstehend.)

VI. Eisenhüttenbetrieb.

Der auf den Gruben des Reviers gewonnene Eisenstein wird gegenwärtig nur auf zwei Hütten verschmolzen, nämlich auf der Rheinböller Hütte und der Stromberger Neuhütte.

Jahr.	Anzahl der betriebenen		Anzahl d. nicht betriebenen		Produktion und									
	Bergwerke.	Steinbrüche.	Bergwerke.	Steinbrüche.	Steinkohlen.		Eisenerze.		Manganerze.		Bleierze.		Kupfererze.	
					Menge. t.	Werth. ℳ	Menge t.	Werth. ℳ	Menge. t.	Werth. ℳ	Menge. t.	Werth. ℳ	Menge. t.	Werth. ℳ
1862	43	36	141	74	855	5127	16 051	60 201	281	16 869	437	71 349	180	14 088
1863	40	47	142	79	854	5397	19 986	81 348	338	20 298	679	107 550	14	801
1864	37	48	159	77	522	3294	18 039	74 391	442	26 547	856	141 114	21	1 437
1865	52	47	146	65	196	1236	14 939	61 131	266	15 939	789	128 223	26	1 494
1866	43	38	165	79	—	—	12 665	52 428	1 984	87 276	1 251	164 733	26	2 316
1867	36	43	178	79	—	—	8 859	42 405	2 544	101 742	1 017	126 990	13	1 335
1868	28	41	191	80	—	—	9 250	54 342	2 095	83 799	1 181	167 679	15	1 026
1869	29	37	196	86	11	66	9 176	52 911	824	32 949	882	123 696	9	489
1870	27	40	204	84	—	—	8 381	52 320	467	15 906	740	98 232	5	255
1871	24	41	211	81	—	—	6 358	49 473	1 604	63 894	626	112 641	23	1 833
1872	25	46	223	83	—	—	7 953	72 648	2 923	116 859	792	132 918	15	2 637
1873	26	44	237	86	—	—	9 242	82 053	2 585	103 401	886	186 120	58	6 996
1874	17	49	250	86	—	—	8 163	81 885	2 380	119 001	837	200 808	43	5 115
1875	17	49	254	87	—	—	9 402	100 802	2 795	139 750	1 022	245 235	56	6 753
1876	17	50	252	85	—	—	8 311	92 590	2 442	122 120	892	214 149	27	3 240
1877	17	52	255	92	—	—	8 066	84 088	1 731	69 260	903	216 756	63	7 548
1878	13	43	254	102	—	—	3 694	37 876	1 736	69 448	851	173 584	156	9 839
1879	16	52	253	96	—	—	796	7 937	1 808	43 380	612	94 774	39	1 540
1880	18	45	257	103	—	—	3 127	18 689	2 815	78 818	593	66 895	374	3 077
1881	16	37	265	111	—	—	919	5 297	3 121	87 379	625	83 714	49	387
1882	14	37	271	111	—	—	380	2 169	2 064	57 793	600	78 555	14	103
1883	14	37	357	112	—	—	698	4 119	2 505	60 110	614	74 252	3 808	33 241

Die **Rheinböller Hütte**, welche theilweise auf dem Banne Daxweiler im Kreise Kreuznach, theilweise auf dem Banne Rheinböllen im Kreise Simmern gelegen ist, besitzt zwei Koks- und einen Holzkohlen-Hochofen; der letztere ist jedoch schon seit langer Zeit nicht mehr im Betriebe, und von den beiden anderen wird bei den jetzigen Konjunkturen abwechseld nur einer betrieben.

Die Hütte verschmilzt vorzugsweise Hunsrücker und Soonwalds-Erze. Zur Verbesserung der Qualität werden Rotheisensteine aus dem Reviere Wetzlar zugeschlagen. Die Hunsrücker Erze werden von den Gruben Reich und Glückauf, die Soonwaldserze von den Gruben Neufund, Märkerei und Hausbay geliefert. Die ersteren Erze, welche wegen ihres Vorkommens im Thonschiefer einen bedeutenden Thonerdegehalt besitzen, sind ziemlich strengflüssig. Die Soonwaldserze sind phosphorhaltig und desshalb leichtflüssig; der Wetzlarer Eisenstein ist quarzig. Zur Bildung einer guten Schlacke, die nicht zu eisenreich und geeignet ist, das sich im Hochofen bildende Roheisen leicht auszuscheiden, wird ein Zuschlag von Stromberger Kalk, etwa 15 bis 20% der Beschickung, gegeben. Derselbe enthält ca. 50% kohlensauren Kalk, ausser-

deren Geldwerth.							Summe.	Belegschaft			Angehörige der Arbeiter.
Zinkerze.		Quecksilbererze.		Dachschiefer.			Geldwerth.	der Bergwerke.	der Steinbrüche.	Zusammen.	
Menge.	Werth.	Menge.	Werth.	Menge.	Plattenschiefer.	Werth.					
t.	ℳ	t.	ℳ	t.	qm.	ℳ	ℳ	Köpfe.	Köpfe.	Köpfe.	Köpfe.
1 203	39 570	—	—	16 784	648	42 591	249 795	857	157	1 014	1 279
2 304	65 784	—	—	15 226	—	36 561	317 739	1 083	181	1 264	1 473
1 906	72 558	—	—	19 327	298	46 005	365 346	1 175	216	1 391	1 444
1 040	68 979	—	—	24 380	724	52 437	329 439	1 050	217	1 267	1 654
1 713	42 339	—	—	16 764	286	37 515	386 607	736	176	912	1 593
1 314	33 039	—	—	17 849	546	37 965	343 476	754	163	917	1 387
1 450	67 701	—	—	22 412	624	58 362	426 909	648	168	816	1 254
1 296	62 286	—	—	27 976	412	62 793	335 190	872	179	1 051	1 514
1 245	64 884	—	—	25 986	393	62 043	293 640	678	192	870	1 320
1 092	43 659	—	—	24 948	300	63 741	335 241	521	179	700	1 248
1 375	63 840	—	—	24 542	2 227	75 075	463 977	554	189	743	1 385
1 605	68 997	—	—	26 067	586	82 692	530 259	518	198	716	1 534
1 349	67 446	—	—	27 159	664	98 772	513 027	551	228	779	1 449
1 860	111 579	—	—	31 096	672	121 503	725 622	571	245	816	1 370
2 120	127 218	—	—	37 148	306	130 541	689 858	552	247	799	1 455
1 760	88 007	—	—	37 540	399	137 683	603 342	583	259	842	1 527
1 431	72 829	—	—	32 151	463	104 337	467 913	426	243	669	1 112
1 267	56 999	14	405	23 980	519	75 558	280 593	365	216	581	1 042
1 126	16 886	29	699	28 263	155	81 271	266 335	401	192	593	1 119
1 410	16 916	—	—	38 878	418	105 289	298 982	403	193	596	1 141
1 418	17 013	—	—	36 911	239	127 514	283 147	437	226	663	1 076
1 403	14 033	—	—	40 585	275	110 388	296 143	398	220	618	1 151

dem aber kohlensaure Magnesia, Eisenoxydul, Eisenoxyd, Thon und Kieselerde. Die Schlacke hat bei einem regelmässigen Ofengange eine schöne braungraue Farbe und ist von glasiger Beschaffenheit. Beim Rohgange zeigt sie eine hellgrüne und beim Gargange eine graue und grüne Färbung.

Die Höhe der Oefen beträgt 12,6 bis 13,2 m, ihre Weite im Kohlensack 3,8 bis 4,1 m und die Höhe des Gestells 1,88 bis 2,04 m. Ein eincylindriges, doppeltwirkendes Gebläse erzeugt etwa 46 cbm Wind pro Minute, der durch die Gichtgase bis zu 300° C. erhitzt und mittelst dreier Düsen in den Hochofen geführt wird. Die Pressung beträgt 0,183 kg pro qcm.

Ein Hochofen produzirt in 24 Stunden durchschnittlich 3 t. Hierzu sind 20 Gichten à 0,3 cbm, also im Ganzen etwa 6 cbm Möller und etwa 13 cbm Koks erforderlich. Das Eisen ist ein graues, körniges Roheisen, welches sich zur Darstellung von Gusswaaren aller Art eignet, namentlich aber zur Fabrikation von Gasröhren, Oefen, Säulen und Kandelabern, auch von grossen Gussstücken verwendet wird.

Gewöhnlich wird direkt aus dem Hochofen gegossen; nur diejenigen Gusswaaren, die eine grössere Sorgfalt und deshalb ein gleichförmigeres

Eisen erfordern, werden aus Kupolöfen gegossen, in welchen englisches Roheisen, Brucheisen und Gänze aus den eigenen Hochöfen verschmolzen werden. Die Kupolöfen haben eine Höhe von 3,14 m und einen Durchmesser von 0,523 m. Der Schmelzverlust beträgt 5 bis 6 %.

Die Stromberger Neuhütte besitzt nur einen Hochofen von 11,77 m Höhe. Die Höhe des Gestells beträgt 1,88 m, die Weite des Kohlensacks 2,546 m und die der Gicht 1,598 m.

Die Hütte verschmilzt Erze von den Gruben Braut, Erbacherkopf, Rabenacker, Pfaffenweg und Eduard. Die Grube Braut liefert das grösste Quantum.

Zu einem Gichtsatz von 0,278 cbm werden 0,66 cbm Brennmaterial und zwar ein Gemisch aus Holzkohlen und Koks gebraucht. In 24 Stunden werden 20 Gichten aufgegeben.

Die wöchentliche Produktion beträgt im Durchschnitt 20 t Roheisen, zu dessen Darstellung also 38,92 cbm Beschickung nöthig sind. Die auf 300° C. erhitzte Gebläselüft hat eine Pressung von 0,110 kg pro qcm. Sie wird durch zwei und auch durch drei Düsen dem Ofen zugeführt. Das Roheisen ist ein graues von sehr guter Qualität, welches zur Giesserei, namentlich zum Guss von Oefen, Poterie, Röhren, eisernen Ständern u. s. w. verwendet wird. Zwei Kupolöfen von 3,14 m Höhe und 73 cm Durchmesser, in welchen englisches Roheisen und Brucheisen verschmolzen wird, können täglich 6 t Gusswaaren zweiter Schmelzung mit einem Schmelzverluste von 5 bis 6 % liefern.

Die nachstehende Tabelle giebt die Höhe der Produktion und die Anzahl der auf den Hütten beschäftigten Arbeiter seit dem Jahre 1871 an, bis wohin die Hüttenstatistik von den K. Regierungen aufgestellt wurde.

Jahr.	Anzahl der betriebenen			Roheisenproduktion.			Gusswaaren 2. Schmelzung.		Anzahl der beschäftigten Arbeiter.
	Werke.	Hochöfen.	Kupolöfen.	Verarbeitete Erze. t	erzeugte Masseln etc. t	erzeugte Gusswaaren 1. Schmelzung. t	Verschmolzenes Eisenmaterial. t	Erzeugte Gusswaaren. t	
1871	4	4	9	9 512	1 356	2 208	3 643	3 518	653
1872	4	4	9	9 266	1 184	2 782	5 363	3 490	634
1873	4	3	9	9 813	1 461	1 970	3 966	3 161	581
1874	4	3	7	6 453	969	1 144	3 442	2 845	556
1875	3	1	6	4 414	902	1 021	3 865	3 472	493
1876	3	2	6	5 331	601	994	2 844	2 680	526
1877	3	1	5	3 312	666	659	1 918	1 413	334
1878	2	3	4	3 590	627	999	1 163	1 012	307
1879	5	2	6	3 009	716	828	3 155	2 165	432
1880	5	1	7	2 745	339	759	3 849	2 861	387
1881	5	2	7	5 148	595	1 162	2 334	1 629	519
1882	5	2	7	5 950	843	1 529	1 776	1 376	509
1883	4	2	4	3 662	256	576	3 527	2 511	485

VII. Salinenbetrieb.

Die Saline Münster am Stein versiedet, wie schon erwähnt, die Soole der Brunnen I und II. Dieselbe enthält in 10000 Gewichtstheilen 99,7 feste Bestandtheile und zwar 79 Gewichtstheile Chlornatrium. Sie ist in Folge des Fehlens schwefelsaurer und der fast gänzlichen Abwesenheit kohlensaurer Salze eine der gutartigsten Soolen, welche überhaupt auf Kochsalz verarbeitet werden. Zu einer jährlichen Produktion von 425 t Kochsalz sind 72 242 cbm Soole, mithin zur Darstellung von 100 kg Kochsalz 17 cbm Soole erforderlich. Da man im Durchschnitt auf 280 Arbeitstage pro Jahr rechnet, so wird in 1 Minute 0,18 cbm Soole geliefert. Die Gradirwerke der Saline haben eine Gesammtlänge von 812 m und eine einseitige Dornenwandfläche von 7066 qm. Dieselben bestehen aus drei Gradirlinien mit 7 bezw. 9 und 4 Fällen.

Zur Hebung der Sohle dienen drei Pumpen, welche durch ebenso viele oberschlächtige Wasserräder von 9,1 m Durchmesser und 1,26 m Breite betrieben werden. Letzteren werden die Aufschlagewasser durch einen Kunstgraben von dem Salinenwehre in der Nahe aus, mit einem Gefälle von 1,88 m zugeführt. Es werden jährlich bei etwa 280 Betriebstagen 103 304 cbm Soole bis zu einem Gehalte von 14 % angereichert. Dabei verdunsten etwa 100 332 cbm Wasser, so dass ein Verdunstungsquantum von 365,4 cbm auf einen Tag kommt. Der Gradirverlust an Chlornatrium beträgt ca. 16 %. Die angereicherte Soole sammelt sich in Soolschiffen an, welche unter dem Gradirwerk liegen und bei den ersten Fällen einen Inhalt von etwa 700 cbm, bei den letzten einen solchen von 100 cbm haben.

Die Siedeanlage besteht aus zwei Siedepfannen, von denen die eine 13,1 m lang und 6,3 m breit, die andere 9,6 m lang und 7,8 m breit ist. Jene hat eine Bodenfläche von rund 83, diese von 75 qm. Die Pfannen sind mit Mänteln zur Abführung der Wasserdämpfe versehen. Zur Heizung dienen Circulirheerde. Als Feuerungsmaterial werden Steinkohlen verwandt.

Die Periode des Störens dauert 1 bis 2, die des Soggens 8 bis 9 Tage. Die nach dem Ausschöpfen des Salzes zurückbleibende Mutterlauge findet wegen ihres grossen Brom- und Jodgehaltes als Heilmittel vielfache Verwendung. Sie enthält nach einer Analyse des Apothekers Poltersdorf zu Kreuznach in 16 Unzen:

Chlorcalcium	1789,97
Chlormagnesium	230,81
Chlorkalium	168,31
Chloraluminium	1,56
Chlornatrium	226,37
Bromnatrium	59,14
Jodnatrium	0,05
Chlorlithium	7,95
Summa	2484,16

Ausserdem fanden sich Spuren von Eisenchlorid, Manganchlorür und Phosphorsäure vor.

Die Produktion der Saline Münster am Stein seit dem Jahre 1872, von wo ab dieselbe auf Rechnung der Gemeinde Münster am Stein betrieben wird, ist aus folgender Tabelle ersichtlich:

Jahr.	Kochsalz.			Mutterlauge.		Zahl der Arbeiter.	Von den Arbeitern ernährte Angehörige.
	Menge.		Werth.	Menge.	Werth.		
	Tonnen.	kg.	M.	Liter.	M.	Köpfe.	Köpfe.
1872	334	600	16 731	198 475	26 463	15	40
1873	347	800	14 607	140 000	21 000	15	39
1874	307	800	15 387	125 307	20 049	13	36
1875	303	450	12 138	120 276	19 244	13	37
1876	335	550	13 422	134 154	20 123	14	48
1877	350	250	14 010	140 029	21 004	14	38
1878	315	050	12 601	135 396	27 079	13	36
1879	250	—	10 710	127 500	19 125	13	34
1880	306	523	12 874	153 250	22 987	14	31
1881	337	730	13 496	145 000	21 750	13	28
1882	320	995	12 840	135 000	27 000	13	33
1883	306	095	12 244	137 000	20 550	10	30

Das Salz zeichnet sich durch eine grosse Reinheit aus; da es fast gar keine erdigen Bestandtheile enthält und in Folge dessen wenig hygroskopisch ist, so eignet es sich ausgezeichnet für den Versandt.

Auf den benachbarten Salinen Theodorshalle und Carlshalle, welche indess nicht zum Reviere gehören, vielmehr unter der Aufsicht der Grossherzoglich Hessischen Staatsbehörde stehen und Hessische Staatsdomäne sind, ist die Beschaffenheit, die Gradirung und Versiedung der Soole ganz ähnlich, wie diejenige zu Münster am Stein. Die Soole hat einen Chlornatriumgehalt von 0,66%; sie wird durch siebenmalige Gradirung auf 12 bis 18% angereichert. Das Gradirwerk hat eine Länge von 2424,5 m mit einer einseitig nutzbaren Gradirungsfläche von 22655 qm. In vier Siedepfannen werden jährlich 1500 t Kochsalz und etwa 450000 Liter Mutterlauge bei einer Belegschaft von 30 Mann gewonnen.

VIII. Geschichtliche und bergrechtliche Bemerkungen.

I. Geschichtliches.

Das Gebiet, über welches sich das jetzige Revier Coblenz II erstreckt, umfasste gegen Ende des vorigen Jahrhunderts:

1. einen grossen Theil der Kurpfalz und zwar das Fürstenthum Simmern und die Grafschaft Sponheim;

2. wild- und rheingräfliche Länder mit den Städten Kirn und Dhaun unter der Herrschaft von drei verschiedenen Linien;

3. nicht unbeträchtliche Gebiete der Erzbisthümer Trier und Mainz;

4. einen kleinen Theil der Niedergrafschaft Katzenellnbogen mit der Stadt St. Goar;

5. Das ehemalige Oberamt Meisenheim, welches zum Fürstenthum Zweibrücken gehörte.

Das Revier bot daher zu jener Zeit ein trauriges Bild deutscher Kleinstaaterei. Die einzelnen Fürsten waren zu schwach, um verheerende Kriege abzuwenden, deren Schauplatz das Gebiet zwischen der Mosel und dem Rhein zu wiederholten Malen im vorigen Jahrhundert war. Sie vermochten weder für die nöthige Ruhe des Landes, noch für die Sicherheit des Besitzes zu sorgen. Räuberbanden trieben in so erschreckendem Masse ihr Unwesen, dass ihnen die Hüttenbesitzer im Soon- und Hochwalde einen regelrechten Tribut zahlten, um vor Ausplünderung geschützt zu sein. Noch heute stehen auf der Asbacher Hütte die alten eisernen Kanonen, deren man sich bediente, um die Bewohner benachbarter Orte zu Hülfe zu rufen, wenn man von Räuberbanden bedroht war.

Bei solchen Zuständen konnte sich die Bergwerks- und Hüttenindustrie nur sehr kümmerlich entwickeln. Der Bergbau beschränkte sich im Wesentlichen auf die Gewinnung von Eisenerzen. Ausserdem ging nur noch ein, allerdings schon uralter Betrieb auf den Quecksilbererzgruben am Lemberge und auf einigen Kupfererzbergwerken in der Gegend von Münster am Stein um.

Die französische Invasion im Jahre 1793 machte den zerrissenen politischen Zuständen mit einem Schlage ein Ende; das ganze linke Rheinufer wurde dem Nachbarstaate einverleibt. Unter einer starken Regierung kehrten geordnete und gesicherte Zustände wieder; durch einen grossartigen Neubau von Strassen wurde für das Wohl des Landes und die Hebung der Kultur gesorgt. Zu dieser Zeit begann, wie der französische Bergingenieur Timoleon Calmenet in dem Taschenbuch des Rhein- und Moseldepartements von 1809 berichtet, die Bergwerks- und Hüttenindustrie emporzublühen.

In diesen Aufschwung brachten die Freiheitskriege nur eine kurze Unterbrechung. Nach denselben begann unter den thätigen Regierungen Friedrich Wilhelm's III. und Friedrich Wilhelm's IV. in Folge der Erschliessung des Landes durch Eröffnung und Ausbau neuer Verkehrswege die Industrie, sich von Neuem zu heben. Während der 30er Jahre hatte der Eisenhüttenbetrieb auf dem Soonwalde seine glänzendste Periode. Als aber in den 40er Jahren die Verwendung der Koks allgemeiner wurde und nachdem eine grössere Anzahl von Etablissements in der Nähe der Steinkohlengruben errichtet worden war, ging die Eisenindustrie des Reviers und mit derselben der Eisenerzbergbau, welcher von altersher der bedeutendste des Reviers gewesen war, mehr und mehr zurück.

Der Bergbau auf andere Erze, als Eisen- und Quecksilbererze, ist erst um die Mitte des vorigen Jahrhunderts entstanden. Der Braunstein, welchen man früher nicht zu schätzen wusste, wird sogar erst seit dem Jahre 1834 gewonnen.

Gegenwärtig hat der Bergbau des Reviers mit wenigen Ausnahmen und abgesehen von der Dachschiefergewinnung seine Bedeutung verloren.

Es erübrigt noch, die bereits im IV. Abschnitt S. 23 ff. enthaltenen geschichtlichen Bemerkungen durch einige Enzelheiten von mehr localem Interesse zu vervollständigen.

1. Geschichte der Grube Gute Hoffnung.

Dass auf den Blei-, Kupfer- und Zinkerzgruben der sogen. Parallelgänge des Hunsrück, welche erst in diesem Jahrhundert einige Bedeutung erlangt haben, schon im siebzehnten Jahrhundert Betrieb umgegangen ist, geht aus einer Stelle in der Topographia archiepiscopatum Moguntinensis, Trevirensis et Coloniensis von Merian aus dem Jahre 1646 hervor, wo S. 43 gesagt wird: Im Erzbisthum Trier sind viele Gruben von Silber-, Blei- und Eisenerz, die ihre Herren haben und von der Trier'schen Kirche nicht abhängig sind. Ferner erwähnt Münster in seiner 1598 erschienenen Cosmographia S. 718, dass, eine halbe Meile von Trarbach gelegen, Blei in grosser Menge auf Holzrösten geschmolzen und dieses dort gefunden sei.

Insbesondere weist die Blei-, Kupfer- und Zinkerzgrube Gute Hoffnung, welche im Brandswalde bei Werlau gelegen ist, ein hohes Alter auf. Derselben wird schon in einer alten Urkunde vom 7. November 1562 gedacht.

Am 16. Oktober 1753 erhielten der Steiger Johann Melchior Lang und Johann Lorenz Gross vom Landgrafen Constantin zu Hessen die Erlaubniss, im Brandwalde unweit des Bocksbergerhofes zu schürfen. Nach einem Berichte vom 2. September 1754 fehlten dem Melchior Lang die Mittel zur Ausführung der nöthigen Arbeiten; er nahm sich daher einen Mitgewerken in dem Berginspektor Unger. Nachdem Unger und Lang in der Werlauer und Hungenrother Gemarkung Erze aufgefunden hatten, kamen sie um Belehnung ein; dieselbe ist ihnen indess entweder gar nicht ertheilt worden oder doch nur kurze Zeit in Kraft gewesen, denn 1755 lässt der Landgraf Constantin das uralte Bergwerk im Brandswalde, wie es bezeichnet wird, wieder aufräumen; zu dieser Arbeit bewilligte er wöchentlich 6 Fr. 30 Kreuzer.

Im Jahre 1756 wurden in der Grube, welche den Namen Constantins-Erzlust erhalten hatte, schöne Erze angehauen, von den 100 bis 200 Ctr. nach Obernhof zu einem Probeschmelzen geliefert werden sollten. Es enthielten 100 Pfund Bleierze von dem oberen Gangtheile 1 Loth Silber und 55 Pfund Blei, von dem mittleren Gangtheile $^{3}/_{4}$ Loth Silber und 63 Pfund Blei und von dem unteren 1 Loth Silber und 54 Pfund Blei. Der Gang wurde in südwestlicher Richtung weiter verfolgt bei einer Mächtigkeit von 2 bis 4 Fuss. Noch in demselben Jahre schritt man zur Anlegung eines Pochwerks und einer Hütte im Gründelbachthale. Der Betrieb der Hütte wurde schon im Jahre 1758 eröffnet.

Aus dem Berichte über das erste Quartal 1760 geht hervor, dass sich die Verhältnisse vor dem westlichen Feldorte immer günstiger gestalteten; der Gang war in einer Mächtigkeit von 60 Zoll erzführend. Vor dem östlichen Feldort zeigte er nicht dieselbe Edelkeit.

Im Jahre 1765 waren auf der Grube bei einem sehr schwunghaften Betriebe 64 Grubenarbeiter und Bergschmiede, 16 Scheidkinder, 15 Hüttenleute und Fuhrknechte und 21 Arbeiter auf dem Pochwerke beschäftigt.

Um das Jahr 1780 waren die Anbrüche nicht mehr günstig. Das Erztrumm war vor Ort nur noch 3 bis 4 Zoll mächtig und enthielt Schnüre von Blende und Quarz. Gleichwohl sprach sich der kurtriersche Berg- und Hütteninspektor Jacobi in einem am 20. April 1781 abgegebenen Gutachten dahin aus, dass sich eine weitere Ausrichtung des Ganges nach Westen hin lohnen würde. Diese Ansicht erwies sich später durch Aufschliessung dreier neuer Erzmittel als die richtige.

Im Jahre 1786 wurde der Kriegsrath Schmidt aus Idstein mit dem Bergwerke und in dem folgenden Jahre auch mit dem Pochwerke und der Hütte beliehen. In der Folge wurde jedoch nicht mehr mit grossem Nutzen gearbeitet; bei zunehmendem Tiefbau wurde die Wasserhaltung und die Förderung zu kostspielig. Andererseits scheute man die Ausgaben einer tieferen Stollenanlage. Das Florenzschachter und Philippsgesenker Erzmittel waren bis zur Bank über dem Mittelstollen völlig abgebaut. Die nur noch schwach betriebene Grube kam in Folge der französischen Invasion gänzlich zum Erliegen.

Im Jahre 1815 bildete sich eine Gewerkschaft, welche den Betrieb der Grube wieder aufnahm und noch gegenwärtig mit gutem Erfolge fortführt.

2. Geschichte der Eisenhütten.

Die Gewinnung des Eisens auf dem Hunsrück ist uralt, wie schon die alten Schlackenhalden im Soonwalde und in den nach der Mosel zu gelegenen Wäldern beweisen. Die älteste und zuverlässige Nachricht über die Eisenfabrikation findet sich in der Cosmographia von Sebastian Münster aus dem Jahre 1598. Ein Eisenerzbergwerk bei Stromburg (Stromberg) wird ferner in der 1645 erschienenen Topographia palatinatus Rheni et vicinarum regionum von Math. Merian erwähnt.

a. Stromberger Eisenindustrie.

Die ältesten zuverlässigen Urkunden über die Stromberger Eisenhütte stammen aus dem Anfange des siebzehnten Jahrhunderts. Zu dieser Zeit wurde Johannes Schoener, Doktor der Rechte und kurpfälzischer Rath, nebst Consorten durch Kurfürst Friedrich von der Pfalz mit dem Hütten- und Bergwerke bei Stromberg beliehen. Die Hütte wechselte wiederholt ihren Besitzer. Im Jahre 1649 erwarb sie der Kaufmann Jean Mariot zu Lück für 2000 Thaler. Nach der über diesen Kauf vorhandenen Urkunde vom 28. April 1649 lag die Hütte auf einer Pfarrwiese, welche der Käufer mit 5 Flor. dem Pfarrer zu Stromberg jährlich zu verzinsen hatte.

Die zur Verhüttung erforderlichen Eisenerze wurden in der Gemarkung Stromberg, also wahrscheinlich am Gollenfels, in der Daxweiler Gemarkung auf dem Kallenberge, der jetzigen Grube Braut, am Pfaffenwege, im Bauwald, bei Dohrsheim, Oberamt Stromberg, und bei dem früher zum Oberamt Kreuznach, jetzt zu Rheinhessen gehörigen Sprendlingen gewonnen. Das Daxweiler Erz soll das „gröbste“ (soll wohl heissen ärmste), das Dohrsheimer besser und das Sprendlinger das reichhaltigste gewesen sein. Wegen des weiten Transportes des Sprendlinger Erzes und des von demselben erhobenen Zolles und Wegegeldes, endlich wegen der kriegerischen unsicheren Zustände kam die Hütte mit den Gruben im Jahre 1664 zum Erliegen. Sie wurde von Mariot nicht wieder in Betrieb gesetzt und fiel desshalb nach dem damaligen Bergrechte in's Freie.

Durch Urkunde d. d. Düsseldorf den 31. Mai 1714 wurden der herzoglich sachsen-eisenachsche Statthalter von Griesheim zu Altenkirchen — Altenkirchen war nach dem Aussterben der Grafen von Sayn an Eisenach gefallen — und von Aussen aus Mühlheim mit der Eisenhütte und dem Bergwerk bei Stromberg von Neuem belehnt. Diese bauten die alte, bereits verfallene Hütte wieder auf und errichteten die Daxweiler Hütte, jetzige Stromberger Neuhütte, als Hammerwerk. Ausserdem legten sie einen Hammer bei Schöppenhausen an.

Am 6. Mai 1719 verkaufte v. Griesheim seinen Antheil an Peter Pastert aus Neuwied, dessen Enkelinnen mit Daniel und David Sahler verheirathet waren. Letztere wurden 1786 Alleinbesitzer, und ihre Nachkommen leiten noch heute unter der Firma „Gebrüder Sahler“ den Betrieb auf der Stromberger Neuhütte. Die alte Hütte und der Schweppenhauser Hammer sind mit der Zeit eingegangen; die Neuhütte besteht gegenwärtig aus einem Hochofen und zwei Kupolöfen.

b. Die Stumm'schen Hütten.

Die Stumm'schen Eisenwerke im Soonwalde gehören sämmtlich der Vergangenheit an, das letzte Werk ist 1874 stillgelegt worden.

1. Die Weitersbacher Hütte, welche im Hochgericht Rhaunen bei Weitersbach gelegen und von Hauzeur und Cons. errichtet war, wurde am 17. Oktober 1700 von dem Hüttenmeister Peter Pastert aus Hohnefeld angekauft. Derselbe wurde durch den am 9. Februar 1705 von Carl Wildgrafen zu Dhaun und Kyrburg, Rheingrafen zum Stein, Grafen zu Sahm etc. ausgefertigten Erbbestandsbrief für die Erlaubniss, die Hütte nebst den zugehörigen Anlagen, wie Hammer-, Pochwerk, Schneidemühle zu betreiben, zu einer jährlichen Abgabe von 150 Gulden verpflichtet, und erhielt auf der anderen Seite die Berechtigung, im Hochgericht Rhaunen frei Erz zu graben, sowie noch mehrere Vergünstigungen. So durfte er das zum Hütten- und Bergwerksbetriebe nöthige Holz zu einem ermässigten Preise aus den gräflichen Waldungen beziehen, und musste hiergegen für den Bedarf des Hofes den Centner Stangeneisen zu 4 Gulden liefern.

Im Jahre 1793 ging die Weitersbacher Hütte an die Gebrüder Stumm zu Asbacher Hütte gegen einen Kaufpreis von 9450 Gulden über; der Betrieb derselben wurde indess eingestellt, nachdem das Recht zur Eisenerz-Gewinnung im Jahre 1827 in Folge eines Renuntiationsgesuches durch Beschluss des Königlichen Oberbergamts zu Bonn aufgehoben war.

2. Die Erbauung der Asbacher, im Amte Wildenburg gelegenen Hütte wurde von dem Wildgrafen Carl Ludwig vom Gau und Kyrburg einer Societät (Gröber und Cons.) gegen Entrichtung einer jährlichen Mühlen- und Wasserfallpacht von einem Malter Korn mittelst Urkunde vom 1. Juli 1721 gestattet. Im Jahre 1743 ging die Hütte an die Brüder Joh. Nic. Stumm aus Enkirch und Jos. Heinr. Stumm von Birkenfelder Hammer zu einem Kaufpreise von 6000 Gulden und 60 Spezies Dukaten über. Das Erbbestandsrecht wurde den Gebrüdern Stumm zunächst nur auf sechs Jahre ertheilt, in der Folge aber mehrere Male erneuert und verlängert. Hierbei wurde die jährliche Abgabe auf 150 Gulden festgesetzt. Dagegen erhielten nicht nur die Besitzer, sondern auch die Arbeiter mehrfache Vergünstigungen, welche sich für jene namentlich auf den Bezug der Holzkohlen zu einem ermässigten Preise, für diese auf die Anweisung von Gemüseland, Weidenplatz und Brand-

holz bezogen. Die Anfuhr der Erze und der Holzkohlen sollte ausschliesslich durch wildenburgische Unterthanen bewirkt werden.

Zur Zeit der französischen Herrschaft wurde das Hüttenwerk den Gebrüdern Stumm unter gleichzeitiger Aufhebung aller Privilegien als Eigenthum überwiesen.

Naeh der Bestandsaufnahme im Jahre 1830 hatte der Hochofen nur eine Form; zur Erzeugung des Windes dienten zwei Spitzbälge. Das Schmiedeeisen wurde in einem ebenfalls mit zwei Spitzbälgen ausgestatteten Frischfeuer dargestellt. Zum Ausschmieden benutzte man einen grossen Hammer und zwei kleine Reckhämmer. Als Motoren waren ausschliesslich oberschlächtige Wasserräder, welche ihre Wasser aus dem Fischbach erhielten, in Gebrauch. Die verschmolzenen Erze waren Hunsrücker und wurden namentlich von der Eisenerzgrube Sohren bei Sohren und von einer Grube bei Wörresbach bezogen.

Im Jahre 1840 erbauten die Gebrüder Böcking, auf welche als Enkel von Friedrich Philipp Stumm die Hütte übergegangen war, einen Kupolofen mit Koksbetrieb zum Umschmelzen der selbst erzeugten, wie der angekauften Masseln.

3. Der Birkenfelder Hammer bei Hellertshausen wurde um das Jahr 1716 erbaut. Derselbe diente vorzugsweise zur Verarbeitung von Masseln der niederrheinisch-westfälischen Hütten. Im Jahre 1861 wurde der Betrieb eingestellt, weil das Hammerwerk mit den Puddelwerken nicht mehr konkurriren konnte.

4. Der Sensweiler Hammer in der Bürgermeisterei Wirschweiler wurde Abraham Melchior jun. zu Hamm bei Haggeburg (Hamm a. d. Sieg) am 20. Juni 1716 gegen Zahlung von 1000 Thaler, ein Thaler zu 45 Petermännchen gerechnet, in Erbbestand gegeben. Derselbe errichtete noch in demselben Jahre einen zweiten Hammer und verkaufte 1737 beide Hämmer für 2500 Thaler an die Gebrüder Stumm zu Birkenfelder Hammer. Die Hämmer waren Stahlhämmer und wurden durch Wasserkraft betrieben. Sie kamen in den 50er Jahren dieses Jahrhunderts zum Erliegen.

5. Der Katzenlocher Hammer war im Katzenloche unterhalb Sensweiler derart angelegt, dass das Wasser des Allen- und Idarbaches als Betriebskraft benutzt werden konnte. Zur Erzeugung des Windes für zwei Frischfeuer dienten zwei Spitzbälge, welche ihre Bewegung von je einem oberschlächtigen Wasserrade erhielten. Mit dem Hammer wurde 1773 der Kommerzienrath Stumm belehnt. Im Jahre 1850 wurde der Betrieb eingestellt.

6. Im Jahre 1795 wurde die Umwandlung der untersten Silberhütte zu Allenbach in einen Eisenhammer und zwar, wie es heisst, zum Vortheil der Bewohner Allenbachs genehmigt und ausgeführt. 1831 kauften die Gebrüder Stumm den Hammer von Christoph Bullmann zu Birkenfeld zum Preise von 3830 Thalern. 1850 wurde der Betrieb eingestellt.

7. Ueber die Entstehung der Gräfenbacher Hütte, welche in der Gemarkung Spabrücken im Kreise Kreuznach gelegen ist, theilt der Berghauptmann Nöggerath in einem Briefe an die Gebrüder Böcking mit, dass der kurpfälzische Jagdrath Georg Wolfgang Hügel und der Oberförster Geisweide Eisensteinablagerungen im Soonwalde entdeckt hatten und darauf hin in Verbindung mit dem Eisenhammerbeständner Georg Koch zu Neunkirchen einen Erbbestand bei dem Kurfürsten Johann Wilhelm nachsuchten. Letzterer ertheilte den Unternehmern einen solchen für ein Hütten- und Hammerwerk unter dem 2. Juni 1712 und stattete sie in Berücksichtigung, wie nützlich ein solches Werk für das Land und die Bewohner des Soonwaldes sei, mit ähnlichen Privilegien aus, wie sie oben schon erwähnt sind. Die an die kurfürstliche Kammer zu zahlende jährliche Abgabe betrug 186 Gulden 41 Kreuzer.

Nachdem die Gebrüder Stumm 1741 als Theilnehmer in das Werk eingetreten waren, erwarben sie 1785 das ganze Eigenthum. Durch Aufstellung eines Cylindergebläses anstatt der Spitzbälge im Jahre 1828 wurde die Hütte wesentlich verbessert und durch Erbauung eines Kupolofens erweitert. Der Betrieb ging in den 30er Jahren so flott, dass man eine abermalige Vergrösserung des Werkes plante. Statt dessen entschloss man sich aber 1841, oberhalb der alten eine neue Hütte zu bauen. Zum Betriebe des Cylindergebläses diente anfangs ein 6,3 m hohes Wasserrad, später eine Turbine, und für den Fall, dass in trockenen Sommern oder strengen Wintern die Aufschlagewasser nicht hinreichen sollten, wurde eine Dampfmaschine aufgestellt. Endlich baute man noch zwei Kupolöfen zum Verschmelzen des Massel- und Brucheisens und richtete eine grosse Eisengiesserei ein. Im Jahre 1873 wurde der Betrieb des Werkes in Folge der veränderten Verhältnisse eingestellt.

c. Die Rheinböller Hütte.

Die Rheinböller Hütte, die jüngste von den im Soonwalde gelegenen Eisenhütten, wurde in der Mitte des vorigen Jahrhunderts durch den Hüttenmeister Engelbert Utsch aus Bingen gegründet. Derselbe war berechtigt, im ganzen Oberamte Simmern Eisenstein zu gewinnen. Dies geschah besonders bei Tiefenbach und Argenthal dort, wo sich jetzt die Gruben Märkerei und Neufund befinden. Der Stadt Simmern als Besitzerin der Oberfläche des Konzessionsdistriktes musste Utsch nach einem mit derselben abgeschlossenen Vertrage als Entschädigung für das Grundrecht und allen durch den Betrieb verursachten Grundschaden jährlich 10 Gulden zahlen. Diese Verpflichtung wurde in der Konzessionsurkunde vom 31. Juni 1824 aufrecht erhalten.

Der Hochofen war ein zweiförmiger; der Wind wurde in einem zweicylindrigen, durch ein Wasserrad betriebenen Gebläse erzeugt. Das Pochhaus enthielt ausser einem Satz von fünf Pochstempeln einen Schwanzhammer, der seine Bewegung gleichfalls von einem Wasserrade empfing. Die Wasserräder waren oberschlächtige.

Im Jahre 1835 wurde die Anlage durch Neubau eines Hochofens, zweier Kupolöfen und eines Schlackenpochwerks wesentlich vergrössert. Der Hochofen erhielt solche Dimensionen, dass in demselben jährlich 3000 Klafter Holz und 10000 Kbfs. Koks zur Verwendung kommen sollten.

Im Jahre 1840 wurde die Hütte durch die Erbauung eines dritten, in der Gemeinde Daxweiler gelegenen Hochofens abermals vergrössert.

Gegenwärtig sind nur ein Hochofen und zwei Kupolöfen in Betrieb.

8. Geschichte der Salinen.

Die Salzquellen zu Münster am Stein finden zuerst Erwähnung in einem Vergleiche vom Jahre 1478 zwischen dem Kurfürsten von der Pfalz und dem Rheingrafen. Im Jahre 1490 verlieh der Kurfürst Philipp von der Pfalz seinen Köchen Conrad Brunn und Mathes von Neverndorf durch einen Erbbestand das Recht der Salzsiederei. Dieser Erbbestand scheint aber bald in Abgang gekommen und die Salzfabrikation nicht lange betrieben worden zu sein; denn bereits in den folgenden Jahren fanden mehrfache Verhandlungen wegen Ausbeutung der Quellen statt, zerschlugen sich aber jedesmal.

Die Quellen wurden im Jahre 1576 auf's Neue untersucht und gefasst, aber erst 1606 begannen die Rheingrafen Johann und Adolf von Grumbach mit dem Bau einer Saline und überliessen sodann durch Vertrag vom 16. Juli 1607 dem kurpfälzischen Salzwerksverwalter zu Schönfeld, Cohendes aus Genf, die Ausnutzung der Quellen. Cohendes glaubte nach einem Ueberschlage „wöchentlich Winterszeit 18, 20, 25 und Sommerszeit 50, 70 Malter Salz mit einer Pfanne oder Siedwerk, also jährlich 2000 Malter“ darstellen zu können.

Aus dem Jahre 1609 findet sich eine eidliche Angabe der Salzarbeiter zu Münster, dass

a. „bei dem jüngsten Sud aus schlechtem Brunnenwasser in sechszig Stunden $7\frac{1}{2}$ Malter, aus gradirtem Kastenwasser aber, welches sechspfündig gewesen und ohngefähr 400 Centner betragen, in vierundzwanzig Stunden eilf Malter Salz gesotten worden seien;

b. dass, um in sieben Tagen und Nächten continue zu sieden, 10 bis $10\frac{1}{2}$ Waldklafter Holz erfordert würden;

c. in der rechten Sied- und in der Seitenpfanne könnten in sieben Tagen und Nächten aus dem blossen Brunnenwasser vierzehn bis sechszehn Malter Salz gesotten werden; und dass

d. das von Cohendes vorgeschlagene Instrument des neben der Siedpfanne anzubringenden hohlen Rosts ohne eine weitere Personen- und Holzbedürfniss wohl halb soviel Nutzen habe, als die ordinaire Siedpfanne.“

Um das Jahr 1614 wurde „das Münster Salzwerk, nachdem solches auf drei Jahre gestanden, durch einen Windsturm niedergefällt und wegen des nachher eingetretenen Kriegswesens nicht wieder hergestellt." [1])

1699 hatte der Rheingraf Friedrich Wilhelm zu Stein dem J. B. Darbonne aus Saarlouis die Quellen auf zwanzig Jahre gegen jährlich 2000 Livres Pachtgeld überlassen, Darbonne verliess aber bald darauf die Pachtung.

1707 wurde ein neuer Erbpacht mit dem Salinendirektor Brändel von Orb unterhandelt, aber erst im Jahre 1718 kam ein solcher mit Samuel Friedrich Otto von Rudolstadt zu Stande. Derselbe bildete mit anderen Theilhabern eine Gewerkschaft, welche jedoch, da sie mit dem Pachtgeld im Rückstande blieb, ihres Erbbestandes wieder verlustig erklärt wurde.

Das ganze Werk wurde endlich im Jahre 1721 den Mittheilhabern Bartels und Rupprecht von Frankfurt, welche bewiesen, dass sie ihr Pachtgeld rechtzeitig entrichtet hatten, in neuen Erbbestand verliehen. Im Besitze dieser Gesellschaft blieb die Saline bis 1843, in welchem Jahre sie von dem preussischen Fiskus erworben wurde. Letzterer betrieb die Saline bis zum Schluss des Jahres 1871, indem dieselbe nebst Zubehörungen durch Vertrag vom 17. August und 16. Oktober des nämlichen Jahres an die Gemeinde Münster am Stein, welche seitdem Eigenthümerin ist, verkauft wurde.

Der Quellen von Karls- und Theodorshalle geschieht in der oben genannten Urkunde von 1490 insofern auch Erwähnung, als dort von Salzquellen auf beiden Ufern der Nahe von Kreuznach bis Ebernburg die Rede ist.

Die Saline Karlshalle wurde erst im Jahre 1729 angelegt und in einen Bestand verliehen, nach dessen Erlöschen aber von der kurfürstlichen Hofkammer selbst verwaltet. Es wurden jährlich etwa 2000 Malter Salz dargestellt.

Die 1742 errichtete Saline Theodorshalle war viel bedeutender; sie producirte jährlich 10 bis 12000 Malter Salz. Die Ausbeutung war gegen Abgabe des Zehnten einer Gesellschaft unter der Bedingung überlassen, dass die Saline nebst allen neu errichteten Gebäuden im Jahre 1783 dem Landesherrn unentgeltlich heimfallen sollte. In der Folge that sich jedoch eine neue Gesellschaft auf, welche die beiden Salinen Karls- und Theodorshalle bis zum Jahre 1808 in Bestand nahm. Napoleon hob denselben einige Jahre vor der Ablaufszeit unter Entschädigung der Beständner auf und überliess seiner Schwester, der Prinzessin Borghese, beide Salinen als Eigenthum. Nach der Wiedervereinigung des linken Rheinufers mit Deutschland kam das Grossherzogthum Hessen-Darmstadt gemäss Art. 7 Ziffer 2 des Theilungsvertrages vom 30. Juni 1816 in den Besitz der Salinen, welches dieselben noch gegenwärtig selbständig verwaltet und ausbeutet, während die Landeshoheit bei dem Königreich Preussen verblieben ist.

---

1) v. R., Historische Notizen über das Salinenthal bei Kreuznach und die dortigen Salzbäder. Mainz 1826. S. 12 und 13.

II. Bergrechtliches.

Was die bergrechtlichen Verhältnisse anbelangt, so hatten bis zu der französischen Fremdherrschaft die nassau-katzenellnbogische, die kurpfälzische und die kurtriersche Bergordnung in den verschiedenen Gebieten des Reviers Geltung. Wie zweckmässig und den bergbaulichen Verhältnissen entsprechend die Vorschriften dieser Bergordnungen seiner Zeit auch gewesen sein mögen, so hatten sie sich doch im Laufe der Zeit überlebt und waren veraltet.

Unter der Fremdherrschaft wurden die Bergordnungen aufgehoben. An ihre Stelle trat zunächst das Berggesetz vom 28. Juli 1791 und später das noch heute in Frankreich geltende Berggesetz vom 21. April 1810. Diese Gesetze hatten nicht nur ein einheitliches Recht für die ganze linke Rheinseite, sondern auch freiere Institutionen geschaffen. Insbesondere war den Bergwerksbesitzern unter Beseitigung der staatlichen Bevormundung die selbstständige Verwaltung ihrer Bergwerke überlassen, und dieser neue Rechtszuzustand hat nicht wenig zu dem Aufschwunge beigetragen, den die Montanindustrie zu Anfang dieses Jahrhunderts nahm.

Die Preussische Regierung behielt nach den Freiheitskriegen das Berggesetz vom 21. April 1810 bei, indem dasselbe erst durch das Allg. Berggesetz vom 24. Juni 1865 aufgehoben und ersetzt wurde. Nur in Bezug auf die Besteuerung des Bergbaues war die französische Berggesetzgebung bereits durch das Gesetz über die Bergwerksabgaben vom 20. Oktober 1862 geändert worden. Nach diesem Gesetze und der zu demselben ergangenen Ausführungsverordnung für die linksrheinischen Landestheile vom 23. November 1864 wird bekanntlich von sämmtlichen Bergwerken, ausschliesslich der abgabenfreien Eisenerzbergwerke, eine Bergwerkssteuer von zwei Prozent vom Werthe der Produkte zur Zeit des Absatzes der Letzteren erhoben.

Im Oberamtsbezirke Meisenheim mit der gleichnamigen Stadt, welche früher Sitz eines Bergamts für Zweibrücken und Sponheim gewesen war, hat die bergrechtliche Entwickelung einen ähnlichen Gang genommen. In demselben galt bis zum Jahre 1867 das französische Berggesetz vom 21. April 1810. Durch die Königliche Verordnung vom 22. Februar 1867 wurde das Allg. Berggesetz vom 24. Juni 1865 auch in den genannten Oberamtsbezirk mit Gesetzeskraft vom 1. April 1867 ab eingeführt und ferner durch die Königliche Verordnung vom 1. Juni 1867 die Bergwerkssteuer ebenfalls auf eine zweiprozentige Bruttoabgabe festgesetzt, die Besteuerung der Eisenerze dagegen, wie in den übrigen Landestheilen, gänzlich aufgehoben.

IX. Arbeiterverhältnisse und Knappschaftsvereine.

Nach dem Durchschnitt der letzten zehn Jahre sind im Reviere jährlich 705 Bergarbeiter beschäftigt gewesen, welche 1283 Familienglieder ernähren. Diese Arbeiterzahl vertheilt sich auf die Eisensteingruben mit 78 Arbeitern und 146 Familiengliedern, die Braunsteingruben mit 58 Arbeitern und 68 Familiengliedern, die Blei-, Kupfer-, Zink- und Quecksilbererzgruben mit 344 Arbeitern und 642 Familiengliedern und auf die Dachschieferbrüche mit 225 Arbeitern und 427 Angehörigen. Die meisten dieser Arbeiter sind auf dem Hunsrück ansässig und besorgen neben der bergmännischen Beschäftigung auch die Bestellung ihrer Aecker. Nur auf der Grube Gute Hoffnung bei Werlau werden Fremde in grösserer Anzahl beschäftigt. Auf den Erzgruben sind gewöhnlich die ärmeren Bewohner der naheliegenden Ortschaften, sei es als eigentliche Grubenarbeiter, sei es als Steinklopfer und Wäscher, angelegt; sie arbeiten theils im Gedinge, theils im Schichtlohn. Die Dachschieferbrüche werden dagegen meist von den Besitzern oder Pächtern selbst betrieben. Viele derselben sehen den Schieferbruchsbetrieb nur als eine Nebenbeschäftigung in den Wintermonaten an; im Sommer bestellen sie ihre Ländereien. Dies gilt namentlich von den Schieferbrechern aus Irmenach, Lötzbeuren und Raversbeuren, welche ganz wohlhabende Bauern unter sich haben.

Die Zahl der jugendlichen Arbeiter, welche auf den Erzbergwerken, namentlich bei der Aufbereitung Verwendung finden, hat sich in den letzten Jahren vermindert, seitdem die Handarbeit durch die maschinelle zum Theil ersetzt worden ist. Aus demselben Grunde ist auch die Zahl der weiblichen Arbeiter eine kleinere geworden. Nur auf den Braunsteingruben werden noch gern erwachsene weibliche Arbeiter beschäftigt, weil hier die Aufbereitung hauptsächlich im Waschen der Erze und Abspülen des anhaftenden Letten besteht. Die meisten weiblichen Arbeiter sind zur Zeit auf der Braunsteingrube Concordia bei Seibersbach beschäftigt.

Als Schichtlohn werden im Durchschnitt etwa 2 M. für eine achtstündige Schicht, auf den Eisensteingruben jedoch für die zwölfstündige Schicht nur 1,5 bis 2 M. bezahlt. Im Gedinge wird natürlich mehr verdient; namentlich haben piemontesische Arbeiter häufiger einen Lohn von 3 bis 4 M. pro Schicht gehabt. Die jugendlichen Arbeiter erhalten 50 bis 70 Pf. pro Schicht.

Auf den Dachschieferbrüchen, welche nicht von den Besitzern oder Pächtern selbst betrieben werden, erfolgt die Arbeit in der Grube im Schichtlohn; dagegen wird das Spalten über Tage im Gedinge nach der Anzahl der laufenden Meter fertig gestellter Schiefer bezahlt.

Aehnlich wie die Bergarbeiter sind auch die Hüttenleute gestellt, deren Zahl sich gegenwärtig auf etwa 500 beläuft. Durch die Einstellung des Betriebes auf der Gräfenbacher Hütte, welche früher noch 150 bis 200 Arbeiter beschäftigte, haben die Bewohner der umliegenden Ortschaften Münchwald, Spabrücken und Argenschwang einen nicht unbedeutenden Verdienst verloren.

Bis zum Erlass des Knappschaftsgesetzes vom 10. April 1854 war für die Unterstützung erkrankter und invalider Bergarbeiter im Allgemeinen nur wenig gesorgt. Vereine, welche sich eine solche Unterstützung angelegen sein liessen, bestanden für die Böcking'schen Werke und für die Grube Gute Hoffnung bei Werlau. Für die Berncasteler Gruben war eine sogen. Bruderschaft vorhanden, welche den Kranken eine Unterstützung gewährte und in Sterbefällen einen Beitrag zu den Beerdigungskosten leistete.

In Folge des Knappschaftsgesetzes vom 10. April 1854 wurden fünf Knappschaftsvereine gegründet, in welche alle unter der Aufsicht der Bergbehörde stehenden Bergwerke, Hütten, Salinen und Aufbereitungsanstalten mit ihren Arbeitern einzutreten verpflichtet waren, nämlich: der St. Goarer Knappschaftsverein, die Knappschaftsvereine der Rheinböller Hütte, der Stromberger Neuhütte, der Asbacher und Gräfenbacher Hütte und der Knappschaftsverein der Saline Münster am Stein.

Der St. Goarer Knappschaftsverein trat auf Grund des ersten Statuts vom 19. April 1859 am 1. Juli desselben Jahres in's Leben. Gleichzeitig mit der Errichtung desselben hörten die Werlauer Knappschaftskasse, sowie die bis dahin auf den Werken der Berncasteler Gewerkschaft bei Berncastel bestandene Knappschaftskasse auf zu bestehen. Nach dem gegenwärtig geltenden Statut vom 21. Mai 1866 nebst Nachtrag vom 23. Oktober 1877 umfasst der Verein alle im gegenwärtigen Reviere Coblenz II und die zu dem früheren Reviere St. Goar gehörigen, jetzt von dem Reviere Coblenz II abgetrennten und im Reviere Trier gelegenen, unter Aufsicht der Bergbehörde stehenden Bergwerke, Aufbereitungsanstalten und Salinen. Ausgenommen sind die Werke, die einem besonderen Knappschaftsvereine angehören.

Solche besondere Knappschaftsvereine sind die vier übrigen vorerwähnten. Von denselben wurden die Vereine für die Rheinböller Hütte, die Stromberger Neuhütte, sowie die Asbacher und Gräfenbacher Hütte durch drei fast gleichlautende Statute vom 25. Juni 1859 in's Leben gerufen, nachdem schon vorher durch Statut vom 19. November 1858 die besondere Knappschaft für die damals noch fiskalische Saline Münster am Stein errichtet worden war.

An die Stelle der erwähnten Statuten traten nach Erlass des Allg. Berggesetzes neue, welche für den Verein der Rheinböller Hütte am 18. Mai 1866 mit Gültigkeit vom 1. Juli desselben Jahres, für den Verein der Stromberger Neuhütte am 17. August 1866 mit Gültigkeit vom 1. Oktober desselben Jahres, für den Verein der Asbacher und Gräfenbacher Hütte am 11. April mit Gültigkeit vom 1. Juli 1866 und für die Saline Münster am Stein am 20. Juli mit Gültigkeit vom 1. Juli 1866 erlassen wurden und noch gegenwärtig in Kraft stehen. Das Statut für den Knappschaftsverein der Rheinböller

Hütte hat indess zwei Nachträge vom 28. Januar 1876 und 21. Januar 1878 erhalten, durch welche die Beiträge der Mitglieder erhöht worden sind. Auch zu dem Statut für den Knappschaftsverein der Saline Münster am Stein sind unter dem 25. Mai und 15. Juli 1872 zwei Nachträge ergangen, welche durch den Uebergang der Saline in Privatbesitz erforderlich wurden und sich auf die Befugnisse des oberbergamtlichen Kommissars, sowie auf die Zusammensetzung und die Obliegenheiten des Knappschaftsvorstandes beziehen.

Die Statuten sämmtlicher fünf Knappschaftsvereine stimmen in ihren wesentlichsten Grundsätzen überein. Nur die Höhe der Beiträge und die Leistungen sind verschieden bemessen, was durch die Verschiedenheit der massgebenden Verhältnisse und der Beschäftigung der Arbeiter bedingt war. Die Werksbesitzer zahlen im Allgemeinen die Hälfte des Beitrags der Arbeiter. Ausnahmen machen der St. Goarer Verein und der Verein der Saline Münster am Stein; in jenem Vereine tragen die Werksbesitzer 75 Prozent, in diesem 100 Procent des Arbeiterbeitrages bei.

Die Knappschaftsvereine gewähren übereinstimmend den ständigen, d. h. den vollberechtigten Mitgliedern die im §. 171 des Allg. Berggesetzes vorgesehenen Leistungen. Die unständigen, d. h. solche Vereinsmitglieder, welche nur zeitweise beschäftigt sind oder noch keine sechsjährige Dienstzeit haben oder wegen zu hohen Alters nicht ständige werden können — sie dürfen das 45. Lebensjahr bei der Aufnahme als ständiges Mitglied nicht überschritten haben — sind nur auf freie Kur und Arznei, Krankenlohn und Beitrag zu den Begräbnisskosten berechtigt. Verunglückt indessen ein unständiges Mitglied bei der Arbeit, sodass vollständige Arbeitsunfähigkeit oder der Tod eintritt, so hat dasselbe für sich bezw. für seine Angehörigen auch einen Anspruch auf Invaliden-, Wittwen- und Waisenunterstützung. In diesem Falle wird jedoch der Berechnung der niedrigste Satz zu Grunde gelegt, während sich im übrigen die Höhe der Invaliden- und Wittwenunterstützungen nach dem Dienstalter richtet.

Ueber den Umfang und die Thätigkeit der fünf Vereine, sowie über den Stand ihres Vermögens geben nachstehende Tabellen Auskunft.

Zu bemerken ist indess noch, dass der Knappschaftsverein für die Asbacher und Gräfenbacher Hütte mit dem Jahre 1874, nachdem der Betrieb der Asbacher Hütte bereits im Jahre 1870 und derjenige der Gräfenbacher im Jahre 1874 eingestellt worden, in den Halberger Knappschaftsverein aufgegangen ist. Derselbe hat seinen Sitz auf der Halberger Hütte bei Saarbrücken und wird in der Beschreibung des Bergreviers Trier-St. Wendel nähere Erwähnung finden. Hier dagegen reichen die tabellarischen Angaben über jenen Verein nur bis zum Jahre 1874.

Jahr.	Bestand am Jahresschluss an Mitgliedern.	Invaliden.	Wittwen.	Waisen.	Einnahmen. Beiträge der Arbeiter. ℳ	₰	Beiträge der Werksbesitzer. ℳ	₰	Sonstige Einnahmen. ℳ	₰	Summe. ℳ	₰
							1. St. Goarer Knapp					
1862	259	1	5	7	3 232	70	1 474	42	391	36	5 098	48
1863	378	2	6	9	4 564	60	2 079	86	456	64	7 101	10
1864	388	3	6	7	4 528	16	2 108	76	606	21	7 243	13
1865	401	5	9	11	4 662	16	2 161	11	630	66	7 453	93
1866	463	7	9	11	4 662	27	2 205	57	792	65	7 660	49
1867	478	7	10	9	5 147	—	2 435	75	2 323	38	9 906	13
1868	416	6	14	21	5 005	50	2 447	95	878	70	8 332	15
1869	397	9	15	23	4 237	50	2 088	95	930	60	7 257	05
1870	257	9	14	19	3 938	60	1 884	70	885	45	6 708	75
1871	308	10	12	17	3 129	80	1 543	30	1 033	95	5 707	05
1872	359	8	12	17	3 727	50	1 853	75	766	—	6 347	25
1873	340	6	14	24	4 365	60	2 160	30	752	38	7 278	28
1874	347	7	15	26	4 376	20	2 149	80	4 106	90	10 633	90
1875	333	7	18	30	4 463	20	2 199	50	878	27	7 540	97
1876	340	5	21	30	4 171	80	2 036	80	2 908	41	9 117	01
1877	427	7	20	33	4 445	70	2 470	05	1 099	06	8 014	81
1878	312	8	21	33	3 775	20	2 649	88	1 074	81	7 499	89
1879	272	9	22	30	3 197	60	2 330	53	1 078	74	6 606	87
1880	305	9	23	28	3 688	48	2 708	10	1 222	96	7 619	54
1881	286	10	23	32	3 558	18	2 565	03	1 265	21	7 388	42
1882	276	13	24	27	3 669	60	2 687	09	1 260	75	7 617	44
1883	231	11	28	37	3 500	60	2 554	09	1 253	25	7 307	94
							2. Knappschaftsverein					
1862	550	—	—	12	3 521	—	1 760	50	880	74	6 162	24
1863	553	—	—	14	3 555	—	1 777	60	1 119	78	6 452	38
1864	484	—	—	19	3 326	40	1 663	—	1 151	42	6 140	82
1865	511	1	—	23	3 204	—	1 602	—	1 142	20	5 948	20
1866	541	1	—	29	3 287	50	1 629	10	1 544	90	6 461	50
1867	449	1	—	27	3 289	20	1 624	35	1 025	68	5 939	23
1868	410	1	—	31	3 096	60	1 524	25	1 158	96	5 779	81
1869	417	1	—	39	2 951	—	1 439	30	1 174	23	5 564	53
1870	401	1	2	43	2 834	70	1 378	85	1 417	03	5 630	58
1871	446	1	3	35	2 899	50	1 413	45	1 308	53	5 621	48
1872	472	1	5	45	3 139	40	1 544	65	1 333	43	6 017	48
1873	394	—	9	57	2 993	40	1 476	05	2 490	08	6 959	53
1874	403	1	10	53	2 761	80	1 341	60	1 691	55	5 794	95
1875	410	—	12	50	2 919	60	1 443	50	1 591	60	5 954	70
1876	431	1	15	51	2 920	—	1 450	—	830	18	5 200	18
1877	375	3	17	51	2 887	60	1 422	85	2 581	75	6 892	20
1878	281	4	18	44	3 334	60	1 613	20	1 837	48	6 785	28
1879	323	5	21	46	3 210	80	1 569	60	1 763	99	6 544	39
1880	347	5	23	40	3 510	—	1 729	—	1 334	75	6 573	75
1881	338	4	26	36	4 062	80	2 015	70	1 830	98	7 909	48
1882	317	3	27	33	4 042	20	1 976	50	2 156	05	8 174	75
1883	302	8	31	31	3 899	20	1 922	90	2 171	59	7 993	69

Ausgaben für												Vermögen am Jahresschluss.	
Gesundheitspflege.		Unterstützung von Invaliden.		Unterstützung von Wittwen.		Unterstützung von Waisen.		Sonstige Ausgaben.		Summe.			
ℳ	₰	ℳ	₰	ℳ	₰	ℳ	₰	ℳ	₰	ℳ	₰	ℳ	₰
schaftsverein.													
2 476	28	276	75	330	50	64	—	1 074	06	4 221	59	8 160	54
3 272	38	197	25	448	50	112	—	943	37	4 973	50	10 288	14
3 655	06	510	25	462	—	100	—	969	33	5 696	64	12 647	63
4 020	47	841	36	481	50	99	—	996	70	6 493	03	13 662	52
3 640	67	1 076	90	561	—	154	—	897	68	6 330	25	14 992	76
3 421	38	1 033	50	587	25	137	—	2 267	56	7 446	69	17 986	68
3 965	63	1 077	—	650	50	148	—	1 304	49	7 145	62	19 768	65
3 164	20	982	50	711	25	287	—	1 620	80	6 765	75	20 580	55
2 733	70	804	—	614	50	263	—	964	75	5 379	95	22 188	15
2 614	93	1 109	63	594	—	238	—	4 304	74	8 861	30	20 265	40
2 416	93	1 564	50	669	90	278	85	1 292	69	6 222	87	20 389	78
3 217	39	1 163	50	696	25	246	—	1 388	91	6 712	05	20 971	—
2 777	70	901	50	729	—	282	—	3 921	90	8 612	10	22 992	80
2 499	05	961	50	843	—	311	—	935	68	5 550	23	25 285	64
2 474	39	767	50	1 069	25	402	—	3 231	54	7 944	68	26 457	97
3 070	86	878	20	1 077	50	422	—	886	77	6 335	33	28 018	65
2 417	79	1 107	90	1 052	—	382	—	872	84	5 832	53	29 686	01
2 530	95	1 190	60	1 245	—	390	—	1 125	08	6 481	63	29 811	25
1 760	21	1 188	50	1 275	25	342	—	1 228	24	5 794	20	31 692	59
2 021	58	1 143	85	1 335	25	415	—	990	60	5 906	28	33 299	48
2 858	42	1 457	50	1 360	50	385	—	851	49	6 912	91	34 040	26
2 753	66	1 968	75	1 463	75	405	—	1 098	69	7 689	85	33 551	—
der Rheinböller Hütte.													
2 320	42	—	—	—	—	250	50	525	23	3 207	15	6 793	49
1 800	—	—	—	—	—	286	50	891	35	2 977	85	10 268	03
3 145	09	—	—	—	—	424	50	602	83	4 172	42	12 236	45
2 915	96	18	—	—	—	465	—	787	55	4 186	51	13 998	14
2 533	43	36	—	—	—	594	—	916	06	4 079	49	16 380	16
2 311	17	36	—	—	—	576	—	720	77	3 643	94	18 675	46
3 503	28	36	—	—	—	549	—	850	08	4 938	36	19 516	91
2 550	32	36	—	—	—	745	50	756	—	4 087	82	20 993	62
2 337	38	36	—	18	50	838	50	720	—	3 950	38	22 673	82
2 528	31	37	50	147	—	792	—	791	68	4 296	49	23 998	80
3 008	77	90	—	157	50	694	50	1 024	88	4 975	65	25 040	63
2 636	20	75	—	314	50	1 000	50	1 287	55	5 313	75	26 686	42
2 019	42	46	02	471	—	1 068	—	855	52	4 459	96	28 021	41
2 572	69	44	—	534	—	1 023	—	877	55	5 051	24	28 924	87
2 756	01	80	—	731	—	1 036	50	857	85	5 481	36	29 761	19
2 808	04	237	50	837	50	1 003	50	857	09	5 473	63	29 979	76
1 845	—	390	—	917	50	916	50	872	12	4 941	12	31 823	92
2 277	43	550	—	1 033	50	861	—	794	80	5 516	73	32 664	08
2 578	86	560	—	1 210	50	790	50	935	10	6 074	96	33 350	37
2 045	96	545	—	1 344	—	699	—	803	25	5 437	21	36 134	84
2 653	99	390	—	1 546	—	657	—	946	11	6 193	10	37 791	99
3 403	18	860	—	1 728	—	591	—	877	35	7 459	53	38 138	65

Jahr.	Bestand am Jahresschluss an				Einnahmen.							
	Mitgliedern.	Invaliden.	Wittwen.	Waisen.	Beiträge der Arbeiter.		Beiträge der Werksbesitzer.		Sonstige Einnahmen.		Summe.	
					M.	₰	M.	₰	M.	₰	M	₰
							3. Knappschaftsverein					
1862	183	—	—	—	932	60	466	30	264	02	1 662	92
1863	175	—	—	—	910	70	455	35	433	68	1 799	73
1864	161	—	—	—	925	60	461	80	536	79	1 924	19
1865	179	—	—	—	1 012	80	506	40	349	23	1 868	43
1866	166	—	—	—	1 017	50	506	85	350	86	1 875	21
1867	171	—	—	—	1 050	20	518	60	394	23	1 963	03
1868	208	—	—	—	1 187	60	586	90	472	11	2 246	61
1869	171	—	—	—	1 072	10	529	45	418	05	2 019	60
1870	177	—	1	3	1 045	30	516	25	474	70	2 036	25
1871	159	—	1	3	1 049	90	513	85	498	43	2 062	18
1872	190	—	2	8	1 070	50	528	25	468	73	2 067	48
1873	177	—	3	10	1 128	30	558	25	452	58	2 139	13
1874	191	—	3	10	1 422	60	703	40	493	43	2 619	43
1875	212	—	4	10	1 466	80	727	90	533	55	2 728	25
1876	239	—	6	13	1 598	80	792	30	505	06	2 896	16
1877	223	—	6	11	1 682	50	840	45	656	35	3 179	30
1878	211	—	7	11	1 610	40	798	30	703	—	3 111	70
1879	209	—	9	17	1 667	90	823	50	1 010	68	3 502	08
1880	217	1	9	18	1 745	20	856	50	908	80	3 510	50
1881	234	1	9	17	1 806	90	884	45	910	22	3 601	57
1882	236	1	10	13	1 890	80	930	50	939	57	3 760	87
1883	236	1	11	17	1 907	70	932	15	943	95	3 783	80
					4. Knappschaftsverein der As-							
1862	298.	6	14	21	2 172	70	1 086	35	246	46	3 505	51
1863	320	7	14	20	2 276	90	1 138	45	579	09	3 994	44
1864	306	9	16	21	2 252	10	1 125	45	513	95	3 891	50
1865	297	9	20	31	2 226	60	1 113	30	844	50	4 184	40
1866	274	9	22	26	2 508	10	1 254	05	736	70	4 484	85
1867	243	9	23	27	2 600	80	1 297	15	239	50	4 137	45
1868	248	9	23	25	2 492	30	2 243	75	341	65	4 077	70
1869	393	10	25	28	2 751	10	1 375	55	400	10	4 526	75
1870	332	11	27	26	2 891	90	1 444	20	410	85	4 746	95
1871	381	11	28	27	3 076	78	1 532	09	378	60	4 987	47
1872	481	12	31	29	3 287	80	1 602	95	710	33	5 601	08
1873	452	11	32	30	3 451	65	1 710	23	890	60	6 052	48
1874	483	14	32	23	3 201	60	1 600	80	1 052	30	5 854	70
					5. Knappschaftsverein der							
1862	13	—	1	—	141	—	141	—	52	72	334	72
1863	14	—	1	—	117	60	117	60	63	88	299	08
1864	14	—	2	4	117	60	117	60	80	48	315	68
1865	14	—	2	4	116	40	116	40	65	48	298	28
1866	14	—	2	4	116	40	116	40	73	98	306	78
1867	14	4	3	3	116	—	116	—	75	98	307	98
1868	14	3	3	3	117	60	117	60	72	98	308	18
1869	14	2	3	2	117	60	117	60	68	92	304	12

Ausgaben für												Vermögen am Jahresschluss.	
Gesundheitspflege.		Unterstützung von Invaliden.		Unterstützung von Wittwen.		Unterstützung von Waisen.		Sonstige Ausgaben.		Summe.			
M.	Pf.	M.	Pf.	M.	Pf.	M.	Pf.	M.	Pf.	M.	Pf.	M.	Pf.
der Stromberger Neuhütte.													
457	53	—	—	—	—	—	—	391	62	849	15	2 856	41
436	33	—	—	—	—	—	—	39	—	475	33	4 180	81
526	17	—	—	—	—	—	—	152	89	679	06	5 425	95
627	66	—	—	—	—	—	—	300	—	927	66	6 486	58
803	46	—	—	—	—	—	—	308	12	1 111	58	7 226	08
929	64	—	—	—	—	—	—	211	71	1 141	35	8 137	76
1 397	43	—	—	—	—	—	—	190	10	1 587	53	8 804	88
1 339	62	—	—	—	—	—	—	216	95	1 556	57	9 296	67
1 035	53	—	—	9	—	13	50	238	15	1 296	18	10 794	28
1 373	62	—	—	36	—	58	50	227	61	1 695	73	11 087	93
1 545	31	—	—	69	—	148	50	296	05	2 058	86	11 096	55
1 475	95	—	—	70	50	186	—	271	35	2 003	80	11 231	88
1 227	69	—	—	126	—	225	—	229	45	1 808	14	12 043	17
1 545	57	—	—	144	—	234	—	259	77	2 183	34	12 588	07
978	44	—	—	253	50	294	—	478	99	2 004	93	13 479	30
961	54	—	—	258	50	268	—	242	60	1 730	64	14 989	35
1 338	90	—	—	300	—	235	50	223	20	2 097	60	15 989	01
1 873	24	—	—	356	50	250	50	279	—	2 759	24	16 662	90
1 116	39	180	—	519	—	348	—	242	01	2 405	40	17 768	—
1 640	60	72	—	474	—	316	50	448	30	2 951	40	21 100	32
1 744	62	72	—	534	50	250	—	356	81	2 957	93	21 906	36
2 724	43	72	—	574	—	255	—	429	95	4 055	38	21 613	53
bacher und Gräfenbacher Hütte.													
1 612	38	316	80	848	—	379	50	323	12	3 479	80	1 050	—
1 771	57	647	—	661	05	368	12	487	79	3 935	53	3 600	—
1 474	52	527	80	1 009	—	393	—	481	70	3 886	02	3 900	—
1 575	96	616	80	1 250	—	493	50	189	10	4 125	36	3 450	—
1 438	54	697	80	1 346	—	490	88	479	34	4 452	56	4 500	—
1 332	02	618	30	1 431	—	477	—	238	40	4 096	72	4 651	55
1 080	85	698	30	1 446	—	469	50	200	10	3 894	75	6 129	45
1 562	52	731	12	1 531	—	517	50	157	90	4 500	04	6 531	17
1 906	09	937	—	1 665	—	508	50	210	90	5 227	49	6 080	63
1 835	27	961	50	1 668	—	526	50	164	50	5 155	77	6 137	33
2 909	52	1 041	—	1 764	—	562	50	196	10	6 473	12	7 290	29
2 769	58	1 150	33	1 946	—	543	—	203	79	6 612	70	9 730	06
2 131	01	1 432	33	1 966	50	576	—	194	68	6 300	52	11 384	23
Saline Münster am Stein.													
79	05	—	—	45	—	—	—	18	—	142	05	1 707	51
68	26	—	—	45	—	—	—	18	—	131	26	1 869	42
173	93	—	—	49	50	8	—	27	—	258	43	1 926	67
79	04	—	—	72	—	48	—	27	—	226	04	1 989	57
83	38	—	—	72	—	48	—	81	60	284	98	2 011	37
124	66	—	—	99	—	36	—	30	—	289	66	2 029	68
68	95	—	—	108	—	36	—	33	—	245	95	2 091	91
75	52	—	—	108	—	29	—	30	—	242	52	2 153	51

Jahr.	Bestand am Jahresschluss an				Einnahmen.							
	Mitgliedern.	Invaliden.	Wittwen.	Waisen.	Beiträge der Arbeiter.		Beiträge der Werksbesitzer.		Sonstige Einnahmen.		Summe.	
					M.	₰	M.	₰	M.	₰	M.	₰
1870	12	3	3	2	98	20	98	20	531	38	727	78
1871	14	4	3	2	92	40	92	40	95	63	280	43
1872	14	5	3	—	136	80	136	80	95	63	369	23
1873	13	6	3	—	137	—	137	—	84	75	358	75
1874	13	6	3	—	132	—	132	—	297	58	561	58
1875	13	5	3	—	132	—	132	—	281	75	545	75
1876	13	4	3	—	132	—	132	—	277	79	541	79
1877	13	4	2	—	132	—	132	—	255	87	519	87
1878	13	4	1	—	132	—	132	—	248	—	512	—
1879	13	4	1	—	132	—	132	—	218	20	482	20
1880	13	4	1	—	132	—	132	—	278	75	542	75
1881	13	4	1	—	132	—	132	—	250	25	514	25
1882	13	4	1	—	132	—	132	—	206	80	470	80
1883	12	3	2	—	125	—	125	—	217	—	467	—

Ausser den fünf genannten Knappschaftsvereinen besteht noch eine besondere Unterstützungskasse auf der Grube Gute Hoffnung bei Werlau. Dieselbe erhält ihre Mittel aus den freiwilligen Gaben der die Grube befahrenden Fremden und aus den rückständig gebliebenen Löhnen solcher Arbeiter, welche die Arbeit ohne Abkehrschein verlassen haben. Die Kasse besitzt kein geschriebenes Statut, die Unterstützungen aus derselben an bedürftige Arbeiter und Wittwen werden vielmehr nach dem Ermessen der Grubenverwaltung gewährt. Ausserdem werden aus der Kasse die Kosten für einen Imbiss und einen Schoppen Wein für diejenigen Bergknappen bezahlt, welche der Beerdigung eines Kameraden beigewohnt haben.

Von anderen Einrichtungen, welche auf der Grube Gute Hoffnung zum Wohle der Arbeiter getroffen sind, ist die Arbeiterkaserne auf dem früheren Prinzensteiner Pochwerke zu erwähnen. Dieselbe dient zur Aufnahme auswärtiger oder entfernt wohnender Arbeiter und besteht aus einem zweistöckigen Gebäude mit 12 Zimmern und 46 Betten. In der im Erdgeschoss befindlichen Menage erhalten die Arbeiter Morgens und Abends kochendes Wasser für die Zubereitung des Kaffees. Die Mittagskost besteht abwechselnd aus Hülsenfrüchten, Kartoffeln und Reis, auch zuweilen aus Mehlspeisen; dazu kommt auf die Person $1/_4$ kg Fleisch. Abends werden Kartoffeln mit Fett verabreicht. Für diese Speisung bezahlt der Arbeiter täglich 60 Pf., während die Wohnungsentschädigung einschl. Bettwäsche 2,26 M. pro Monat beträgt.

Für die entfernt wohnenden Arbeiter der Puricellischen Werke sind Schlafräume auf dem Hüttenwerke eingerichtet.

Ein Bedürfniss, auf den Werken besondere Lazarethe oder Hospitäler

Ausgaben für												Vermögen am Jahresschluss.	
Gesundheitspflege.		Unterstützung von Invaliden.		Unterstützung von Wittwen.		Unterstützung von Waisen.		Sonstige Ausgaben.		Summe.			
M.	₰	M.	₰	M.	₰	M.	₰	M.	₰	M.	₰	M.	₰
68	22	—	—	108	—	24	—	391	20	591	42	2 289	87
58	82	—	—	108	—	24	—	19	50	210	32	2 359	98
2	87	60	—	108	—	12	—	18	70	201	57	2 527	63
6	41	274	50	108	—	3	—	42	65	434	56	2 571	83
4	70	342	—	108	—	—	—	28	—	482	70	2 632	76
13	79	342	—	108	—	—	—	33	80	497	59	2 680	92
85	78	342	—	108	—	—	—	33	—	568	78	2 653	93
7	56	342	—	93	—	—	—	18	—	460	56	2 713	24
19	43	342	—	58	50	—	—	18	75	438	68	2 590	66
45	18	342	—	45	—	—	—	18	—	450	18	2 622	68
4	52	342	—	45	—	—	—	18	70	410	22	2 755	21
6	46	342	—	45	—	—	—	18	—	411	46	2 858	—
14	97	342	—	45	—	—	—	18	—	419	97	2 908	83
43	18	247	50	81	75	—	—	45	—	417	43	2 958	40

zu errichten, ist nicht vorhanden, da die meisten, selbst kleinere Städte des Reviers derartige Einrichtungen besitzen, in welchen erkrankte oder verunglückte Bergleute gegen geringe Entschädigungen Aufnahme finden.

X. Unglücksfälle.

Sowohl der Erzbergbau als auch der Betrieb der Dachschieferbrüche fordern im Reviere Coblenz II beinahe jährlich ihre Opfer; doch sind auch einzelne Jahre, wie aus der nachfolgenden Uebersicht zu ersehen, ohne jede Verunglückung mit tödtlichem Ausgange glücklich vorübergegangen, sodass das Verhältniss der Verunglückungen zu den Arbeitern, welches ausweise der Zeitschrift für das Berg-, Hütten- und Salinenwesen Bd. 31 S. 86 nach dem Jahresdurchschnitte von 1867 bis einschl. 1882 im Preussischen Staate auf 1000 Arbeiter 2,494 beträgt, bei weitem nicht erreicht wird.

In der umstehenden Aufstellung sind mit Rücksicht auf die im Jahre 1861 vorgenommene Abänderung der Reviergrenzen erst die Verunglückungen seit dem Jahre 1862 angegeben.

Jahr.	Belegschaft			Unglücksfälle mit tödtlichem Ausgange							Auf 1000 Arbeiter		
	beim Erzbergbau.	beim Steinbruchsbetrieb.	im Ganzen.	beim Erzbergbau: beim Grubenbetrieb.	beim Erzbergbau: bei der Aufbereitung.	beim Steinbruchsbetrieb	durch Steinfall.	bei der Schiessarbeit.	auf andere Art.	im Ganzen.	beim Erzbergbau.	beim Steinbruchsbetrieb.	im Ganzen.
1862	423	157	580	1	1	—	1	—	1	2	4,73	—	3,45
1863	421	181	602	—	—	1	1	—	—	1	—	5,52	1,66
1864	467	217	684	1	1	—	—	1	1	2	4,28	—	2,92
1865	593	221	814	2	—	1	1	2	—	3	3,37	4,52	3,69
1866	497	176	673	1	1	—	—	—	2	2	4,02	—	2,97
1867	757	163	920	—	1	—	—	—	1	1	1,32	—	1,09
1868	645	165	810	2	—	—	—	1	1	2	3,11	—	2,22
1869	872	179	1051	1	—	—	—	1	—	1	1,15	—	0,95
1870	678	192	870	—	—	—	—	—	—	—	—	—	—
1871	521	179	700	1	—	—	—	1	—	1	1,92	—	1,43
1872	734	189	923	—	1	—	—	—	1	1	1,36	—	1,07
1873	733	299	1032	1	—	3	3	—	1	4	1,36	10,04	3,88
1874	551	245	796	—	—	—	—	—	—	—	—	—	—
1875	571	245	816	2	—	1	1	1	1	3	3,50	4,08	3,68
1876	562	247	809	—	—	1	—	—	1	1	—	4,05	1,24
1877	583	259	842	1	—	—	1	—	—	1	1,72	—	1,19
1878	426	243	669	—	—	—	—	—	—	—	—	—	—
1879	365	216	581	2	1	—	1	—	2	3	8,23	—	5,16
1880	392	192	584	1	—	1	—	1	1	2	2,55	5,15	3,42
1881	403	193	596	1	—	—	—	—	1	1	2,48	—	1,68
1882	447	226	673	—	—	—	—	—	—	—	—	—	—
1883	394	220	614	1	—	—	—	—	1	1	2,55	—	1,63
Im Jahresdurchschnitt	547	209	756	0,82	0,27	0,36	0,41	0,36	0,68	1,45	2,17	1,52	1,97

Hiernach ereignen sich durchschnittlich in zwei Jahren drei Unglücksfälle, welche den Tod der Verletzten zur Folge haben. Der Erzbergbau verlangt jährlich von diesen Todesfällen 75 % und zwar der Grubenbetrieb 56,25 % und die Aufbereitung 18,75 %. Auf den Dachschieferbergbau fallen 25 %. Von den Todesursachen vertheilen sich 28,28 % auf Steinfall, 24,83 % auf die Schiessarbeit und 46,89 % auf andere Veranlassungen. Ein Todesfall ereignete sich durch Sturz in den Pumpenschacht, einer durch Sturz in den Fahrschacht und ein dritter durch Sturz in ein Gesenk. Ein Arbeiter fiel den Stickwettern zum Opfer, einer wurde durch den herabfallenden Förderkübel erschlagen und ein anderer durch den herabkommenden Förderkorb erdrückt. Die Unglücksfälle auf den Aufbereitungsanstalten wurden meistens durch Unvorsichtigkeit bei dem Auflegen des Treibriemens auf die Transmission oder durch unvorsichtiges Annähern an denselben hervorgerufen.

XI. Verkehrsverhältnisse.

Für das Revier sind die beiden Flüsse, Mosel und Rhein, von denen es im Nordwesten bezw. im Nordosten begrenzt wird, die wichtigsten Verkehrswege. Insbesondere findet auf dem Rhein, welcher von Bingerbrück bis Coblenz das Revier und auf dieser Strecke die linksseitigen Orte Bacharach, Oberwesel, St. Goar, Boppard und Rhens berührt, ein grosser Theil der Produkte seinen Absatz.

Von Eisenbahnen sind die rheinische Eisenbahn und die Rhein-Nahebahn für das Revier von grosser Bedeutung. Jene läuft von Bingerbrück bis Coblenz an dem linken Rheinufer entlang, diese durchschneidet von Bingerbrück längs der Nahe bis Kirn in einer Länge von 60,81 km das Revier und führt über Langenlohnsheim, Kreuznach, Münster am Stein, Waldböckelheim, Staudernheim, Sobernheim, Monzingen. Die Rhein-Nahebahn verfrachtet von Kirn und der Haltestelle Martinstein aus namentlich die Dachschiefer aus der Gegend von Budenbach, Bruschied, Mengerschied, Gemünden und Gehlweiler.

Im Nordwesten begleitet noch die 1879 eröffnete Moselbahn das Revier. Sie ist jedoch für dasselbe nur von geringer Bedeutung, weil sie auf dem linken Moselufer gelegen ist und desshalb für Produkte, welche vom rechten Ufer kommen, eine mehrfache Umladung bedingt.

Um die Soonwaldshütten direkt an eine Eisenbahn anzuschliessen, ist der Bau einer Eisenbahn untergeordneter Bedeutung von Langenlohnsheim durch das Guldenbachthal nach Simmern beschlossen und zur Herstellung dieser Bahn eine Summe von 3892000 M. unter der Bedingung, dass der erforderliche Grund und Boden unentgeltlich und kostenfrei der Staatsregierung überwiesen wird, durch das Gesetz vom 4. April 1884 (Gesetzsammlung Seite 105 ff.) zur Verfügung gestellt worden.

Die wichtigste Landstrasse ist diejenige von Bingen über Waldalgesheim, Stromberg, Rheinböllen, Argenthal, Simmern, Kirchberg, Büchenbeuren bis zum Stumpfenthurm oberhalb Morbach und von dort über Berncastel nach Trier. Dieselbe wurde früher als Poststrasse von Mainz nach Trier benutzt, und noch heute bewegt sich auf ihr der grösste Theil der Güter und Erzeugnisse des Hunsrück. Von dieser Hauptverkehrsader zweigen mehrere Strassen ab, nämlich von der sogen. Drususbrücke in Bingerbrück aus eine Chaussee, welche über Laubenheim nach Kreuznach und von dort über Waldböckelheim und Sobernheim nach Kirn, Birkenfeld und Saarbrücken führt; ferner die Strassen von Stromberg in südlicher Richtung über Schweppenhausen nach Kreuznach; von Rheinböllen durch das Steegerthal nach Bacharach zum Anschluss an die Coblenz-Mainzer Strasse; von Argenthal über die

Gräfenbacher Hütte, Argenschwang, Wallhausen nach Kreuznach; von Simmern nach dem Rhein zu einerseits über Budenbach, Wiebelsheim nach Oberwesel, andererseits über Laubach, Ehr nach Boppard; von Simmern über Mengerschied, Gemünden nach der Nahe hin. Von der Bopparder Chaussee nach Simmern zweigt an der sogen. Braunshorner Lücke eine Strasse ab, welche über Castellaun und Cappel führt und sowohl bei Kirchberg als auch bei Büchenbeuren an die Mainz-Trierer Strasse anschliesst. Andererseits hat dieselbe mehrfache Verbindungen mit der Mosel, nämlich von Castellaun über Mörsdorf nach Treis; von Cappel über Blankenrath ebenfalls nach Treis und von Cappel über Zell nach Bullay; von Büchenbeuren über Irmenach einerseits nach Enkirch, andererseits nach Trarbach. Auf diese Weise besitzt das Revier nach dem Rhein und der Mosel, den natürlichen grossen Verkehrswegen, gute und bequeme Verbindungen.

XII. Auf das Revier bezügliche geognostische, mineralogische etc. Druckschriften und Ausarbeitungen.

Günther. Andernac. Commentarius de balneis et aquis medicatis. Argentor. 1565. S. 136.

Tabernaemontanus, J. Th. Sauerbrunnen von Lamscheid. Allgemeine Brunnenschrift. Bergzabern 1583.

Münster, Seb. Cosmographia. Basel 1598.

Merian, M. Topographia palatinatus Rheni et vicinarum regionum. 1645.

Derselbe. Topographia archiepiscopatum Moguntinensis, Trevirensis et Coloniensis. 1646.

Büsching, A. F. Geographie von den deutschen Ländern auf dem linken Rheinufer. III. Theil. 1754.

Dörring, J. Nachricht von den sämmtlichen Bergwerken in den Herzogthümern Gülich und Berg. Bemerkg. d. kurpfälz. physikal.-ökonom. Ges. v. J. 1775. S. 170 ff.

Ferber, J. J. Bergmännische Nachrichten von den merkwürdigsten mineralogischen Gegenden der Herzogl. Zweibrückischen, Churpfälzischen etc. Länder. Mietau 1776.

Collini, C. Journal d'un Voyage, qui contient des observations sur les Agates et le Basalte. Mannheim 1776.

Nachrichten und Beschreibung der Restauration und des zunehmenden Flors des Lamscheider Brunnens, mit grossem Lob seiner Heilwirkung. Journal von und für Deutschland. 1784—1786.

Suckow, G. A. Ueber einige kurpfälzische Quecksilberbergwerke. Crell's Beiträge. I. 1785.

Derselbe. Systematische Beschreibung der vorzüglichsten Mineralien, besonders der Quecksilbererze. Vorlesungen der kurpfälzisch physikal.-ökonom. Ges. Bd. III. 1788.

Schreiber, J. G. Description des mines de mercure du Palatinat et du pays de Deux-Ponts. Journ. des mines. Vol. I Nr. 6. pag. 69—78. 1795.

Derselbe. Rapport sur les mines situées dans le grand-bailliage de Trarbach, faisant partie du duché de Deux-Ponts, sur la rive droite de la Moselle. Journ. des mines. Vol. II. Nr. 11. pag. 43—68. 1795.

Beurard, J. B. Rapport sur quelques mines de mercure situées dans les nouveaux départemens de la rive gauche du Rhin. Journ. des mines. Vol. 7. Nr. 41. pag. 321—360. 1798.

Barth u. Faujas de Saint-Fond. Voyages géologiques depuis Mayence jusqu'à Oberstein. Annales du Muséum d'histoire naturelle. Tome V. 1805.

Leonhard, K. C. Die Quecksilberbergwerke auf dem linken Rheinufer. Taschenbuch f. d. ges. Mineralogie v. C. C. Leonhard. Jahrg. 1. S. 20—73. 1807.

Calmelet, F. T. Rapport sur les anciennes mines de plomb, cuivre et argent des environs de Trarbach. Journal des mines vol. 24. Nr. 140. pag. 81—104. 1808.

Derselbe. Extrait d'un rapport sur la mine de plomb de Weiden (Sarre), précédé d'un aperçu géolog. de la vallée de la Nahe. Journ. d. min. Vol. 25. Nr. 146. pag. 139—157. 1809.

Derselbe. Statistische Beschreibung der mineralischen Reichthümer des Departements von Rhein und Mosel. Handbuch f. d. Bewohner des Rhein- und Moseldepartements f. d. Jahr 1809. Coblenz. S. 161—288. Die Fortsetzung in französ. Sprache. Handbuch etc. für 1812. S. 29—120.

Derselbe. Mémoire statistique sur les richesses minérales du département de Rhin et Moselle. Journ. d. min. Vol. 25. Nr. 148. pag. 257—312. 1809.

Sammlung der Verordnungen des General-Gouvernements vom Niederrhein vom Jahre 1814 u. 1815. Aachen.

Gebietseintheilung des Regierungsbezirks Coblenz. Coblenz 1817.

Stock, A. Darstellungen aus dem Preuss. Rhein- und Mosellande. Essen 1818.

Schmidt. Ueber das Einschiessen des Rheinischen Schiefergebirges. Manuscript 1818. Akten d. Königl. Oberbergamts zu Bonn.

Steininger, J. Geognostische Studien am Mittelrhein. Mainz 1819.

Merian, P. Geognostische Wanderungen durch die überrheinische Pfalz. Taschenbuch f. d. ges. Mineral. v. Leonhard. Jahrg. 14. 1820.

Schulze, W. Ueber die Quecksilbergruben in der Pfalz. Karsten's Archiv f. Bergbau etc. Bd. 3. S. 36—65. 1820.

Simon, M. Annalen der inneren Verwaltung der Länder auf dem linken Ufer des Rheins. Cöln 1822—1824.

Nöggerath, J. Gediegen Gold im Thonschiefer- und Grauwackengebirge der Moselgegend. Das Gebirge in Rheinl. Bd. 1. S. 141—145. 1822.

Oeynhausen, F. v. Geognostische Reisebemerkungen über die Gebirge der Bergstrasse, den Hardt, des Donnersbergs und des Hunsrückens. Ebendaselbst Bd. 1. S. 146—280. 1822.

Steininger, J. Gebirgskarte der Länder zwischen dem Rhein und der Maas. Mainz 1822.

Burkart, J. Bemerkungen über die geognostisch-bergmännische Untersuchung des Kreises Kreuznach. Manuscript 1823. Akten d. Königl. Oberbergamts zu Bonn.

Schmidt, J. Ch. L. Vom rheinischen Uebergangsgebirge an der Mosel und den flötzartigen Umgebungen desselben zwischen den Ardennen, den Vogesen und dem Odenwalde. 1824.

Derselbe. Ueber die älteren Steinkohlengebirge auf der Südseite des Hunsrücks. Nöggerath, J. Das Gebirge in Rheinland etc. Bd. IV. S. 1—141. 1826.

Burkart, J. Geognostische Skizze der Gebirgsbildungen des Kreises Kreuznach und einiger angrenzenden Gegenden der ehemaligen Pfalz. Ebendaselbst Bd. IV. S. 142—221. 1826.

v. R. Historische Notizen über das Salinenthal bei Kreuznach und die dortigen Salzbäder. Mainz 1826.

Mettenheimer, W. Chemische Untersuchung der Soole zu Theodorshalle bei Kreuznach. Archiv f. d. ges. Naturlehre. Kastner. Bd. 9. S. 113—128. 1826.

Daub, H. Bemerkungen über die Gänge auf der Grube Gute Hoffnung, Sachsenhausen, Obernhof und Holzappel. Manuscript 1827. Akten d. Königl. Oberbergamts zu Bonn.

Prieger, J. E. P. Kreuznach und seine Heilquellen. Mainz 1827.

Harless, C. F. u. Bischof, G. Die Stahlquelle zu Lamscheid auf dem Hunsrück nach ihren physikal. und chemischen Eigenschaften. Bonn 1827.

Bischof, G. Einige Bemerkungen über das Lamscheider Mineralwasser hinsichtlich auf geognostische Verhältnisse der Umgegend. Jahrb. d. Chemie u. Physik v. Schweigger u. Schweigger-Seidel. Bd. 21. S. 116—126. 1827.

Nöggerath, J. Gediegen Gold in den Moselgegenden. Ebendaselbst Bd. 20. S. 257—263. 1827.

Anonym. Gediegen Gold in Rheinpreussen. Archiv f. d. ges. Naturlehre. Kastner. Bd. 15. S. 484 u. 485. 1828.

Nöggerath, J. Vorkommen des gediegenen Goldes in dem Hunsrücker Gebirge. Jahrb. f. Chemie u. Physik von Schweigger und Schweigger-Seidel. Bd. 24. S. 351—359. 1828.

Sello. Ueber das Verhalten des Gangzuges der Gruben Gute Hoffnung, Sachsenhausen, Weiher, Obernhof und Holzappel. Manuscript. 1829. Akten d. Königl. Oberbergamts zu Bonn.

Nachweisung der Produktion des rheinischen Hauptbergdistrikts pro 1829—1837.

Meyer, H. v. Gegend von Kreuznach. Jahrbuch für Mineralogie etc. von Leonhard u. Bronn. Jahrg. 3. S. 214—219. 1832.

Strombeck, v. Beschreibung der Grube Gute Hoffnung bei Werlau. Manuscript. 1832. Akten d. Königl. Oberbergamts zu Bonn.

Oeynhausen, v. Tagebuch, geführt auf einer i. J. 1833 vorgenommenen Bereisung des Landes zwischen Mosel und Rhein. Manuscript 1834. Ebendas.

Derselbe. Tagebuch, geführt auf einer Reise i. J. 1835 in der Umgegend von Coblenz. Manuscript 1836. Ebendaselbst.

Nöggerath, J. Ueber das Vorkommen von Diorit im Thonschiefer bei Boppard. Karsten's Archiv für Mineralogie. Bd. 9. S. 578—580. 1836.

Beyrich, E. Beiträge zur Kenntniss der Versteinerungen des rheinischen Uebergangsgebirges. Neues Jahrb. f. Mineralogie etc. von Leonhard u. Bronn. Jahrg. 1837. S. 497—504.

Warmholz, A. Das Trappgebirge und Rothliegende am südlichen Abhange des Hunsrücken. Karsten's Arch. f. Min. Bd. 10. S. 325—437. 1837.

Jung, C. Beschreibung des Betriebes auf den Dachschieferbrüchen zwischen Rhein und Mosel. Karsten und v. Dechen, Archiv f. Miner. Bd. 11. S. 319—341. 1838.

Bauer, A. Beschreibende Vergleichung etc. der Gänge von Obernhof, Welmich, Werlau etc. mit den Holzappler Erzlagerstätten. Manuscript 1839. Akten d. Königl. Oberbergamts zu Bonn.

Steininger, J. Geognostische Beschreibung des Landes zwischen der unteren Saar und dem Rheine nebst 1 Karte u. Nachträgen. Trier 1840—41.

Nöggerath, J. Ueber einen vulkanischen Punkt im Soonwaldgebirge zwischen Kreuznach und Stromberg. Karsten u. v. Dechen, Archiv f. Min. Bd. 15. S. 755—757. 1841.

Derselbe. Geognostische Beobachtungen über die Eisensteinformation des Hunsrücken. Ebendas. Bd. 16. S. 470—521. 1842.

Statistik und Handadressbuch der Rheinprovinz pro 1842. Coblenz.

Anonym. Die Rheinprovinz unter Preussen. Elberfeld 1842.

Bauer. Ueber die bei Burg Sponheim an der Grenze des Melaphyrs und Steinkohlengebirges ausgeführten Schurfarbeiten. Manuscript 1842. Akten d. Königl. Oberbergamts zu Bonn.

Brahl. Tagebuch über eine geognostische Reise auf dem Hunsrück und Soonwalde i. J. 1841. Manuscript 1842. Ebendaselbst.

Der Regierungsbezirk Coblenz, dessen topographisch-statistische Eintheilung. Coblenz 1843.

Grebel. Geschichte der Feste Rheinfels. St. Goar 1844.

Römer, C. F. Das Rheinische Uebergangsgebirge. Hannover 1844.

Bauer. Beobachtungen über die Lagerung und Begrenzung des Thonschiefer-, Grauwacken- und des Steinkohlengebirges, sowie über das Vorkommen von Trappgebirgsarten und über die Lagerung des rothen Conglomerates in dem westlich und südlich durch den Ellerbach, östlich durch die Nahe und nördlich von dem Soonwalde begrenzten Theile des Bergreviers St. Goar. Manuscript 1844. Akten d. Königl. Oberbergamts zu Bonn.

Römer. Ergebnisse einer während des Sommers 1843 ausgeführten Reise zur Erforschung der geognostischen Verhältnisse des rheinischen Uebergangsgebirges. Manuscript 1844. Ebendaselbst.

Anonym. Verhältnisse des Steinkohlenbergbaues in der Pfalz. Hartmann, berg- und hüttenm. Zeitschrift. Bd. IV. S. 873. 1845.

Burkart, J. Die Diorite an der Nahe und Alsenz. Verh. d. naturh. Ver. Jahrg. 3. S. 1—5. 1846.

Derselbe. Rutsch- oder Spiegelflächen an dem Diorite von Boppard. Ebendas. Jahrg. 3. Corresp. S. 20. 1846.

Dechen, H. v. Geognostische Untersuchung des rheinischen Hauptbergdistrikts. N. Jahrb. f. Mineral. etc. Jahrg. 1846. S. 323.

Derselbe. Bemerkungen über das Trappgebirge am Südrande des Hunsrücken. N. Jahrb. f. Mineral. etc. Jahrg. 1846. S. 127—128.

Duhr, J. Ueber ein merkwürdiges Ganggestein auf dem Gipfel der Lurley. Verh. d. nat. Ver. etc. Jahr. 3. S. 28—30. 1846.

Sandberger, F. Das Rhein-(Devon-)System an neuen Fundorten. N. Jahrb. f. Mineral. Jahrg. 1846. S. 325.

Dechen, H. v. Ueber das Vorkommen der Quecksilbererze in dem Pfälzisch-Saarbrücken'schen Kohlengebirge. Cöln. Zeitg. Nr. 55 v. J. 1847.

Derselbe. Koprolithen in den Eisensteinnieren von Lebach. Cöln. Zeitg. Nr. 320 v. J. 1847.

Dellmann, F. Ueber die Entstehung der im Nahe-Gebiete vorkommenden Zeolithe. Verh. d. nat. Ver. f. Rheinl. Jahrg. 4. S. 61—66. 1847.

Nöggerath, J. Oberstein an der Nahe. Die Entstehung und Ausbildung der Erde vorzüglich durch Beispiele aus Rheinland und Westfalen erläutert. Gesammelte populäre Flugblätter. Stuttgart 1847. S. 50—67.

Derselbe. Kugeln und Mandeln aus dem Melaphyr der Nahegegend. Amtl. Bericht ü. d. 25. Vers. d. Ges. deutscher Naturforscher in Aachen. 1847. S. 217—218.

Sandberger, G. Ueber die Grauwacken-Versteinerungen der Gegend von Coblenz. Verh. d. nat. Vereins f. Rheinl. Jahrg. 4. S. 101—104. 1847.

Derselbe. Vertheilung der Grauwacken-Versteinerungen bei Coblenz. N. Jahrb. f. Mineral. Jahrg. 1847. S. 463.

Wirtgen, Ph. Grauwacken-Versteinerungen bei Coblenz. Verh. d. naturh. Ver. f. Rheinl. 1847. S. 103.

Dechen, H. v. Das Vorkommen der Quecksilbererze in dem Pfälzisch-Saarbrücken'schen Kohlengebirge. Karsten u. v. Dechen, Archiv f. Mineral. Bd. 22. S. 375—464. 1848.

Göppert, H. R. Ueber fossile Pflanzen im Schwerspath bei Kreuznach. N. Jahrb. f. Mineralogie. Jahrg. 1848. S. 24—27.

Goldfuss, A. Ein neuer Seestern, Aspidosoma Arnoldi, aus der Grauwacke. Verh. d. nat. Ver. f. Rheinl. Jahrg. 5. S. 145—146. 1848.

Meyer, H. v. Palaeoniscus von Münsterappel, Archegosaurus von Lebach. N. Jahrb. f. Mineral. Jahrg. 1848. S. 467.

Goldfuss, A. Ueber Archegosaurus von Lebach mit Bemerkungen v. H. v. Meyer. Amtl. Bericht ü. d. 25. Vers. deutscher Naturf. in Aachen. Aachen 1849. S. 218—219.

Gümbel, C. W. Ueber die Quecksilbererze in dem Kohlengebirge der Pfalz. Verh. d. nat. Ver. f. Rheinl. Jahrg. 7. S. 83—118. 1850.

Zeiler, F. Geognostische Verhältnisse der Umgebung von Coblenz. Ebendas. S. 134—154.

Burmeister, H. Die Labyrinthodonten aus dem Saarbrücker Steinkohlengebirge. (Archegosaurus. 3 Abthlg.) Berlin 1850.

Römer, F. Beiträge zur Kenntniss der fossilen Fauna des Devon-Gebirges am Rhein. Verh. d. naturh. Ver. f. Rheinl. Jahrg. 8. S. 357—376. 1851.

Troschel, F. H. Ueber neue fossile Fische von Winterburg. Ebendaselbst S. 518—542. 1851.

Dieck, A. Dampfmaschine und Dampfkessel, deren gesetzliche Anlage und Anwendung. Essen 1851.

Rolle, F. Pfälzer Kohlengebirge. 1852.

Sandberger, F. Versteinerungen im Spiriferen-Sandstein von Coblenz. Neues Jahrb. f. Miner. Jahrg. 1852. S. 452.

Wirtgen, Ph. u. Zeiler, F. Uebersicht der um Coblenz in den unteren Lagen der devonischen Schichten vorkommenden Petrefakten. Ebendas. S. 920—939.

Dechen, H. v. Melaphyrgang bei Birkenfeld, welcher mit der Hauptmasse des Melaphyrs zusammenhängt. Cöln. Zeitg. Nr. 129. 1853.

Troschel, F. H. Trennung des Amblypterus macropterus und A. eurypterigius von A. latus und A. lateralis von Lebach. Cöln. Zeitg. Nr. 78. 1853.

Prieger, J. E. P. Kreuznach, seine jod- und bromhaltige Elisabethquelle und Mutterlauge. Kreuznach 1853.

Trautwein, L. Die Soolquellen zu Kreuznach. Kreuznach 1853.

Carnall, R. v. Zeitschrift über das Berg-, Hütten- und Salinenwesen. Bd. 1—5. Berlin 1854—1858.

Polstorf. Chemische Analyse der Elisabethquelle zu Kreuznach und der Mutterlauge der Saline Münster am Stein. Verh. d. naturh. Ver. Jahrg. 11. S. 223 u. 224. 1854.

Schneider, C. Geschichte des Wild- und Rheingräflichen Hauses, Volkes und Landes auf dem Hunsrücken. Kreuznach 1854.

Wirtgen, Ph. und Zeiler, F. Vergleichende Uebersicht der Versteinerungen in der rheinischen Grauwacke. Verh. d. nat. Ver. Jahrg. 11. S. 459—481. 1854.

Schwarze. Bergbauplan für die Bleierzgruben zu Bernkastel. Manuscript 1854. Akten d. Königl. Oberbergamts zu Bonn.

Meyer, H. v. Archegosaurus von Lebach. N. Jahrb. f. Mineralogie. Jahrg. 1855. S. 326.

Zeiler, F. u. Wirtgen, Ph. Bemerkungen über die Petrefakten der älteren devonischen Gebirge am Rhein; insbesondere über die in der Umgegend von Coblenz vorkommenden Arten. Verh. des naturh. Ver. Jahrg. 12. S. 1—28. 1855.

Dieselben. Ueber Echinodermen in der Umgegend von Coblenz und in dem Eifeler Kalke. Ebendas. S. 79—85.

Troschel, F. H. Acanthodes Bronni von Lebach. Ebendaselbst. Jahrg. 13. S. XCII. 1856.

Römer, F. Acanthodes Bronni von Lebach. Zeitschr. d. deutschen geol. Ges. Bd. IX. S. 65 u. 79. 1857.

Zeiler, F. Versteinerungen der älteren rheinischen Grauwacke. Verh. d. nat. Ver. Jahrg. 14. S. 45—51. 1857.

Prieger, H. Kreuznach u. s. w. Kreuznach 1857.

Zeitschrift für das Berg-, Hütten- und Salinenwesen im Pr. Staate. Bände 6—24. Berlin 1858—1876.

Müller, J. Einige Echinodermen aus der rheinischen Grauwacke und dem Eifeler Kalke. Monatsber. d. Berl. Akad. 1858. S. 185.

Röhl, v. Versteinerungen aus rheinischer Grauwacke. Verh. des nat. Ver. Jahrg. 15. S. XXXIX. 1858.

Weinkauff, H. C. Die tertiären Ablagerungen des Kreises Kreuznach. Ebendas. Jahrg. 16. S. 64—77. 1859.

Ludwig, R. Kalk, Schiefer und Eisenstein von Walderbach. Mittelrhein. geol. Ver. Nr. 35. S. 86 u. 87. 1859.

Volger, O. Teleosteus primaevus. Gräthenfisch im Dachschiefer von Caub. Erster Bericht d. Offenbacher Ver. f. Naturk. 1860. S. 57.

Nöggerath, J. u. Jung, C. Goldvorkommen bei Bernkastel. Verh. d. naturh. Ver. Jahrg. 18. Corresp. S. 93 u. 94. 1861.

Mohr, Fr. Kalkgehalt der Diorite und Grünsteine (Melaphyr) der Nahegegend. Ebendas. Jahrg. 20. Corresp. S. 60—66. 1863.

Mohr. Analyse von der Sauerquelle bei Rhens. 1863.

Römer, F. Asteriden und Crinoiden von Bundenbach im Fürstenthum Birkenfeld. Verh. d. nat. Ver. Jahrg. 20. Corresp. S. 109. 1863.

Derselbe. Neue Asteriden und Crinoiden aus dem devonischen Dachschiefer von Bundenbach bei Birkenfeld. Palaeontogr. Bd. 9. S. 143—152. 1864.

Weiss, E. Leitfische des Rothliegenden in den Lebacher und äquivalenten Schichten des Saarbrückisch-pfälzischen Kohlengebirges. Zeitschr. d. deutschen geol. Ges. Bd. 16. S. 272. 1864.

Weiss, E. Ueber die Stellung der Saarbrückisch-pfälzischen Schichten zur

Steinkohlenformation und dem unteren Rothliegenden. N. Jahrbuch f. Mineralogie. Jahrg. 1865. S. 838--843.

Statistische Uebersicht und Mittheilungen über die Verwaltung des Kreises Coblenz. 1865.

Ludwig, R. Die Mainzer und Hessische Tertiärformation. N. Jahrbuch für Mineralogie. Jahrg. 1866. S. 59—70.

Lossen, C. Geognostische Beschreibung der linksrheinischen Fortsetzung des Taunus in der östlichen Hälfte des Kreises Kreuznach als geognostisches Ganzes. Zeitschr. d. deutsch. geol. Ges. Bd. 19. S. 509—700. 1867.

Laspeyres, H. Kreuznach und Dürkheim an der Hardt. Ebendas. S. 803—922.

Weiss, E. Fossile Flora der jüngsten Steinkohlenformation und des Rothliegenden im Saar-Rhein-Gebiete. Bonn 1869.

Fresenius, R. Chemische Untersuchung des Lamscheider Mineralwassers. Wiesbaden 1869.

Frantzius, J. v. Das Soolbad zu Münster am Stein bei Kreuznach. Kreuznach 1869.

Weiss, E. Fortsetzung der fossilen Flora des Saar-Rhein-Gebietes. N. Jahrb. f. Mineralogie. Jahrg. 1870. S. 209—211.

Jordan, H. Ueber Archegosaurus von Lebach. Verh. d. nat. Ver. Jahrg. 27. Corresp. S. 45. 1870.

Weiss, E. Ueber Pinnularia aus dem Kohlenrothliegenden von Kirn. Verh. d. nat. Ver. Jahrg. 28. Sitzgs.-Ber. S. 10. 1871.

Dechen, H. v. Die nutzbaren Mineralien und Gebirgsarten im deutschen Reiche. Berlin 1873.

Derselbe. Ueber die geologischen Verhältnisse des Devon im rechtsrheinischen Taunus und im linksrheinischen Soonwalde, Idar- und Hochwalde. Verh. d. nat. Ver. Jahrg. 33. Corresp. S. 64. 1876.

Koch, C. Ueber eigenthümliche Vorkommen im Taunusquarzit auf der rechten und linken Rheinseite. Ebendas. Corresp. S. 130—134. 1876.

Schneegans, W. Geschichtliche Bilder und Sagen aus dem Nahethale. Kreuznach 1879.

Engelmann, F. Kreuznach, seine Heilquellen und deren Anwendung. 7. Aufl. Kreuznach 1882.

Dechen, H. v. Orographische und hydrographische Uebersicht der Rheinprovinz und der Provinz Westphalen, sowie einiger angrenzenden Gegenden. Bonn 1870.

Derselbe. Geologische und paläontologische Uebersicht der Rheinprovinz und der Provinz Westphalen, sowie einiger angrenzenden Gegenden. Bonn 1885.

Inhaltsverzeichniss.

Universitäts-Buchdruckerei von Carl Georgi in Bonn.

Universitäts-Buchdruckerei von Carl Georgi in Bonn.

FSC
www.fsc.org
MIX
Papier | Fördert gute Waldnutzung
FSC® C083411

Zeitfracht Medien GmbH
Ferdinand-Jühlke-Straße 7
99095 Erfurt, Deutschland
produktsicherheit@kolibri360.de